U0284875

Tasty Food
食在好吃

微波炉家常菜
分分钟就搞定

杨桃美食编辑部 主编

江苏凤凰科学技术出版社

图书在版编目（CIP）数据

微波炉家常菜分分钟就搞定 / 杨桃美食编辑部主编
. -- 南京：江苏凤凰科学技术出版社，2015.10（2020.3 重印）
（食在好吃系列）
ISBN 978-7-5537-4965-5

Ⅰ . ①微… Ⅱ . ①杨… Ⅲ . ①微波食品 – 菜谱 Ⅳ .
① TS972.129.3

中国版本图书馆 CIP 数据核字 (2015) 第 152562 号

微波炉家常菜分分钟就搞定

主　　　编	杨桃美食编辑部	
责 任 编 辑	葛　昀	
责 任 监 制	方　晨	

出 版 发 行	江苏凤凰科学技术出版社	
出版社地址	南京市湖南路 1 号 A 楼，邮编：210009	
出版社网址	http://www.pspress.cn	
印　　　刷	天津旭丰源印刷有限公司	

开　　　本	718mm×1000mm　1/16	
印　　　张	10	
插　　　页	4	
字　　　数	250 000	
版　　　次	2015年10月第1版	
印　　　次	2020年3月第2次印刷	

标 准 书 号	ISBN 978-7-5537-4965-5	
定　　　价	29.80元	

图书如有印装质量问题，可随时向我社出版科调换。

目录
CONTENTS

PART 2
猪肉、排骨，微波也能做大餐

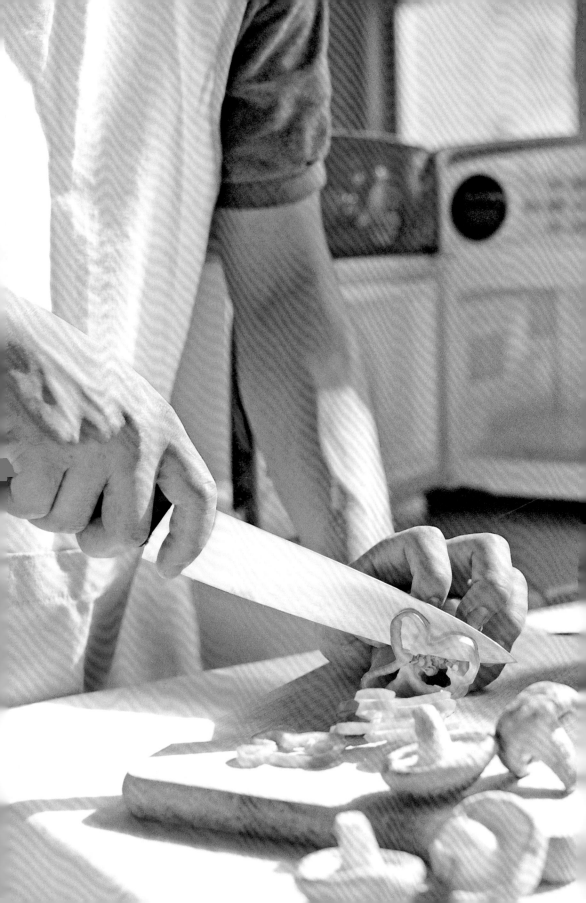

无油烟的料理魔法

　　许多人对于微波炉都形成了印象刻板，认为其除了加热再无其他作用，殊不知这神奇的方盒中，有着让做料理更方便、简单又美味的魔法。事实上微波炉除了加热外，还可以用来做很多料理！不但少了油烟，而且做出来的菜肴也不比其他锅具料理的差。

　　微波炉不但能使一道道美味可口的菜肴快速上桌，而且还能够保留住食物的养分，使营养不至于流失太多。这是因为微波加热主要是水分子的摩擦所引起，这样的烹调方式，和平常的炖、煮差不多，对食物营养素的保存比较好。

　　只要掌握几个简单的原则，微波炉就能变成您厨房中最得力的小帮手，对于忙碌的上班族和家庭主妇可说是一大"神器"，就算小户型住宅或出门在外不方便开火的地方，只要有一台简单的微波炉，就能变出一桌子的美味，快速又无油烟。

　　本书共示范上百种微波炉料理，蔬菜、肉类、海鲜、蛋、豆腐都有，一机搞定蒸煮炒烧，轻轻松松就能色香味俱全，让每个人都可以当大厨！

* 注：
固体食材：1大匙≈15克　1小匙≈5克
液体食材：1大匙≈15毫升　1小匙≈5毫升
书中若无特别提示，所使用油皆为色拉油，不再赘述。

微波炉的分类

机械式微波炉

* 六段功率调整
* 特殊旋转设计及按键式炉门
  开关
* 定时装置
* 微波输出功率：约700瓦
* 微波消耗功率：约1200瓦

触控式微波炉

* 十段火力调节
* 快速烹调／解冻键
* 预约／定时／记忆键
* 微波输出功率：约800瓦
* 微波消耗功率：约1300瓦

附烧烤功能微波炉

* 多段式微波火力调整
* 多种料理、自动烹调
* 自动重量解冻设定
* 两种组合烧烤功能
* 微波输出功率：
  900～1000瓦
* 消耗功率：
  微波——约1400瓦
  烧烤——约1050瓦

备注： 我们常去的便利商店所使用的微波炉属于商业用的类型，输出功率高达1400瓦，所以加热时间会比一般家中的微波炉短，效率也会高许多。

微波炉的清洁&保养

1 微波炉每次在使用完后，应该以柔软的抹布蘸清洁剂或温水，擦拭门板内外及内壁、转盘等部分。

2 内部较脏时，可先加热一杯水，使内壁充满蒸气令污垢稍微软化，再用柔软的抹布擦拭，这样比较容易去除污垢。

3 微波炉内如有异味残留，可用一碗滴有柠檬汁或白醋的开水，用中低温微波加热2分钟，让蒸气充满微波炉内壁，再用柔软的抹布擦干即可除臭。

4 也可以将喝完的茶叶渣或咖啡渣放在碗中，静置在微波炉内一个晚上，同样可以去除异味。

5 微波炉要放置在通风良好的地方，避免因潮湿而产生漏电的情形；如果已有受潮现象，可以用电风扇对着排气孔吹2个小时，就可消除湿气。

微波炉选购须知

不同种类的微波炉，差异通常在于输出功率、按键方式（机械式或触控式），下面简单介绍几种一般家庭中较常使用的微波炉，让大家了解一下各类型的微波炉究竟有什么差异。

如同许多家电产品一样，微波炉也越来越便宜与普及了，可是，人们对于微波炉的疑虑，却也多过其他的家电产品。事实上，微波也是电磁波的一种，但是微波炉有良好的防护结构以阻隔电磁波的外泄，即使电器的阻隔不良，造成少量的微波外泄，只要不是离炉太近，对健康是没什么妨害的。

微波炉的潜在危险可分为磁场及微波两种，然而，对于消费者而言，只要谨记保持40厘米的安全距离，就可以安心使用无虞。

此外，首先选择微波炉的操作面板与按键说明是中文的，如果全是看不懂的外文，即使商品再优良，也建议不要购买；其次应注意安全，商品检验局的合格标志与全中文的商品标示是必备的身份证。

1 不论是微波炉还是其他家电，最好是选购有良好声誉厂商出产的产品比较有保障。

2 依家庭居住的环境及用户本身的需求，以选择机型的大小及功率。从整体的计算上来说，功率越大的反而比较省电。

3 一般的仪表板有按键式及转钮式两种，转钮式的仪表板较不容易损坏，故障少，但时间的计算，通常会有一些误差；而按键式的仪表板在时间的设定上就比较精确。

4 先评估自己使用的频率或使用时间的长短。建议买效率高、加热快速、煮食省时且操作方法简单易学、容易记忆的机型。

5 微波或电磁波的分布要均匀。

6 微波炉的三大功用为烹饪、加热以及解冻。依据电力强度的不同，用途也不同。
700瓦以上的是属于全能型，可以进行生鲜食物的烹调。
650瓦或600瓦电力的微波炉烹调时间就比较长。
500瓦左右的，则多半用于食物加热。
400瓦左右的，则只能用于解冻、保温了。

7 微波炉内容积要够大，所以购买时除了考虑宽、深的容积之外，高度也要记得考虑进去！

8 是否必须具备烤焗功能？消费者在购买微波炉之前，应该要先了解自己的需要，以免买到不适用的机型。

9 目前市面上微波炉的转盘分为两种，一种是位于内壁上方的盘架，而另一种是底部有一活转盘。以温度分布均匀而言，活转盘的效果较好。

烹调技巧小百科

在烹调料理的过程中,对于食材的处理或料理的步骤有许多注意事项,如果处理不当就很容易导致作品失败,所以建议读者们在料理前务必先读完我们所整理的烹调小技巧,相信会为您的料理大大加分!

微波炉的放置

1 微波炉必须平放,正常使用下,炉身的周围必须保持空气流通。炉顶需留25厘米及左右两壁需留5厘米空隙,后壁需留10厘米。

2 不可拆去炉脚,也不可在上面放置其他物品,以免堵塞顶端的通气口,若造成微波炉过热,安全装置会自动关闭微波炉,须待微波炉冷却后才可使用。如果室内温度过高也不适合使用。

3 微波炉不可放置于高温潮湿的地方,例如煤气炉附近,带电区或水槽边等。

4 操作时,炉体会变得很热,所以千万不要让电线触及炉体,避免意外发生。

时间设定

食谱都写有烹调参考时间,但由于食物的形状,加热前的温度和所处的位置不同,必须相应调整加热时间。建议可先按照食谱参考时间设定,看看食物的熟透程度后再决定是否增加烹调时间。

体积、形状与密度

体积相同的食物比较能平均加热,而小份的食物要比大的快熟。若有大小不同的形状,请将薄的放在盘中间,厚的放盘边。加热多孔又松软的食物比实心又沉重的食物时间短。

骨头和脂肪的影响

加热肉类时,骨头和脂肪都会影响加热效果。骨头将会造成食物的温度不平均,而太多的脂肪则会更快速地吸收微波能,而使附近的肉过度熟透,因此烹调时要注意。

排列距离

烹制烘焙类诸如土豆、小蛋糕时,尽量将食物排列成圆形,这样烘烤程度会比较均匀。应将食物顺着烤盘的外形排列,不要无规则的随意摆放,更不要叠放食物。

一般烹饪食谱提供了烹调的大约时间。影响烹调时间的因素有：所喜欢的生熟程度，开始温度，海拔高度，食物的分量、大小、形状和盛载器皿。如果您熟悉微波炉的操作，则可以适当地参照以上这些因素加以修正烹调时间。

烹调食物时最好是宁可烹煮不足也不要烹煮过度。如果食物烹煮不足则可重新加以烹调，但如果烹调过度则无法补救。

1. 穿刺

在微波烹调期间，有些食物的表皮或膜会阻止蒸气外流。在没有烹调之前，将这些食物的皮剥掉或穿刺一些小洞和切缝，以便让蒸气蒸发。

蛋：用牙签刺穿蛋黄2次，蛋清数次。

土豆和蔬菜：用叉刺穿。

香肠和腊肠：将熏过的香肠和腊肠划几刀，用叉刺穿肠衣。

2. 颜色

畜肉类和禽肉类微波10~15分钟后，会有如被烧或烤过的效果，原因是肉类本身的脂肪容易吸收微波，所以能够产生烤或烧的效果。假如要缩短烤或烧的时间而又要达到良好的颜色效果，必须在未烤之前，涂上咸酱油或辣酱油。做快熟面包或松饼时，可用黄糖代替白糖，或者在烘烤之前撒些深色的香料于表面上。

3. 搅拌

采用微波烹调时，因菜色不同需要中途取出搅拌食物。在食谱中，一般会有1次、2次甚至3次以上的搅拌，主要是将靠近容器的部分搅向中心，而将未热熟的部分搅向外面，让食材受热均匀。

4. 遮盖

当用微波烹调时，水分会蒸发。因为微波烹调是内外同时加热而不是直接烧热的，所以蒸发速度不容易控制。但是只要利用遮盖，这个弱点就可以解决（除非有指明料理过程是不加盖烹调）。利用保鲜膜或微波盖可以保持一定程度的食物水分。

5. 翻转和重新放置

有些食物无法经由搅拌而重新分散热力，往往会将微波集中在某一部分，为了均匀地烹调，可翻面或移动食物。通常在烹调中途翻动食物，将大块的食物如肉排或全鸡等翻转，小块的食物如鸡块、虾、汉堡肉等则是交换在盘上排放的食物内外位置。

6. 不要马上取出

微波炉停止加热之后，利用导热原理，食物还可以继续烹调。煮肉类时，假如加盖放置10~20分钟，内热将会上升5~15℃；而蒸冷冻食品和蔬菜的放置时间比较短，这样做则是为了让较热的中央食物向四周部位传热。

微波炉的妙用

烤鸡、鸭

烤鸡、鸭等大型食材，往往用烤箱烤1~2小时都无法完全熟透，其实可将生肉腌过后，先放入微波炉中加热至熟，再放入烤箱烘烤，既可省下大半时间，又不会产生外熟内生或内熟外焦的情形，两全其美。

煎蛋

用微波炉煎蛋时，只需将鸡蛋打散倒入平底容器，加热至边缘翘起、中间颜色变深即可。

煮白饭

用微波炉煮饭比使用一般器皿煮饭需要的水量较少，而且不会有夹生的现象。如果想使米饭更为松软，可以先将大米在水中浸泡1小时；烹煮出来的饭如果太烂，可以继续加热；太硬则可加水继续烹调。

蒸豆腐

用微波炉蒸豆腐的时候，不必添加高汤，只要放少许酒就可以缩短加热时间。若是希望豆腐更为鲜美，可以在豆腐下面铺一张海带即可。

榨汁、去皮小帮手

在水果榨汁之前，先放在微波炉中加热20~30秒，再榨的时候才能够榨出更多的汁；土豆先在微波炉中加热20~30秒后，去皮就比较容易了。

烘干妙用

盐受潮后，可以铺在放有纸巾的盘子上，利用微波炉加热，待冷却干燥后即可再使用。

加热毛巾

将毛巾用水浸湿后拧干，再用微波加热30秒，马上就可以有热毛巾用了。

杀菌

抹布洗净后拧干，利用强微波（约800瓦）加热杀菌，一块抹布约加热1分钟即可。

食材泡发

像是干香菇、干金针菜等干货，都需要事先泡水发胀。现在只需将这些干货泡入水中，再用微波炉以中微波（约600瓦）加热约2分钟，就会立即发胀，节省了传统泡水法所需等待的时间。

食材脱水

做芋泥时，通常是先用电饭锅蒸熟，再压泥、加料调味，但是仍会有太多的水分，此时可将芋泥放入盘中摊平，不加保鲜膜而直接微波烘5分钟，再取出拌匀；如此重复烘烤、拌匀的步骤3~5次，即可脱去多余水分，成为做点心的最佳材料。其他各种泥类也可照此操作。

制作干燥花

将鲜花放置在转盘上直接加热，等到变软时马上取出，稍微等一下就会变成干燥花了。而柠檬或橘子皮以及其他有香味的花草，都能使用微波炉的干燥作用来制作干燥成品。

制作薯泥

连皮的中型土豆1个，用保鲜膜完全包裹起来，用微波炉加热3分钟后静置数分钟，取出再去皮然后捣碎即可做成薯泥。

蒸煮玉米

将一根玉米用保鲜膜包裹起来，以强微波（约800瓦）加热3分钟即完成。也可以抹上奶油再包裹保鲜膜，做成奶油玉米。

可用和不可用的容器

可用的容器

1 有标示为微波专用的容器。

2 耐热性高（120℃以上）的玻璃容器，通常厚度较厚，适合烹煮含油分较多的菜肴。

3 耐热120℃以上的塑料容器、保鲜膜与塑料袋。

4 陶瓷制容器则以平滑无凹凸及花纹者最适合，但如果有破损或镶金边就不能使用。

5 餐巾纸或纸杯盘等纸制容器可在温热食物时使用，但不适合长时间加热。

不可用的容器

1 耐热温度低于120℃的塑料与玻璃容器，会因高温而软化变质或破损。

2 金、银、铜、铁与不锈钢、铝箔纸等金属制品，由于绝缘性低，微波无法穿透，而且会反射微波产生火花。

3 木竹材质的容器会因为微波高温加热而使其本身的水分丧失，导致干燥破裂。

4 微波无法穿透珐琅，所以不能使用珐琅制容器。

5 漆器的漆会因微波高温加热而脱落，产生有害毒素。

用微波炉快炒的秘诀

爆香

爆香是利用高温把辛香料的香气逼出，让整道菜吃起来更香更美味。用微波炉快炒和用锅子大火快炒一样，也需要先有个爆香的步骤，做法是先将辛香料、油一起混合，再放到微波炉里加热，取出后香气扑鼻。所以，不管是快炒还是微波炉，爆香都是不能省略的重要步骤。

调料混合

因为在微波炉内加热不能像用锅子加热一样，可以不断翻炒，或是一样一样将调料慢慢加入，所以必须事先将所有的调料与处理过的材料混合拌匀，再放入微波炉内微波，而且记得取出后要再充分拌匀，如此不仅能让料理的咸淡均匀，也能够让材料充分拌炒到酱汁，而变得更加美味。

勾芡

同样因为不能在微波炉内搅拌，所以微波料理若是有需要勾芡这个步骤时，直接于材料内加入淀粉、番薯粉等，而不需另外加水调制。加入粉类后与食材先拌匀再送入微波炉内微波，就能做出勾芡的感觉了。

油炸

微波炉也可以用来油炸，但是一般来说不建议这样做。因为微波炉的油炸方式与我们常用的油炸方式不同，一般传统的油炸方式会使用较多的油，以能够盖过食材为主，但是在微波炉内如果以过多的油去油炸，容易因为温度过高或温度快速上升而产生油喷溅的情况，一不注意很容易造成危险。所以若是要利用微波炉油炸，最多只能油量比炒菜再稍微多加一点，用半煎炸的方式，而不要放入一大锅油。

氽烫

利用微波炉氽烫其实十分简单，并不需要真的加热一大锅水至滚，因为加热一大锅水和加热油的原理很相像，在高温滚沸时，会有水花飞溅的情况，也蛮危险的。所以若是要利用微波炉做食材氽烫的动作，只要将食材放入微波器皿中，以保鲜膜封紧开口，再放入加热，取出来时，因为水汽全部闷在微波碗内，自然就会出水，因此就能做出像蒸、氽烫般的效果了。轻松地将食材事先处理好，相当方便。

PART 1

微波蔬菜，
10分钟就搞定

　　市场里应季的蔬菜可真是太多了，新鲜翠绿，嫩得能掐出水来。家里只有微波炉，不喜欢油烟的味道，又想品尝到这大自然赐予的美味？没问题，一台微波炉就能让你徜徉在素菜的清香里。

三色白菜香菇

🍲 材料
白菜1/4棵、干香菇3朵、胡萝卜50克、黑木耳1片、金针菇1/2把、香菜2棵

🍶 调料
辣豆瓣1小匙、酱油1小匙、鸡高汤350毫升、料酒1大匙

🍳 做法
1. 将白菜洗净，切成大块状，再滤干水分备用。
2. 干香菇洗净，泡软切片；胡萝卜、黑木耳都洗净切丝；金针菇洗净去蒂；香菜洗净切碎备用。
3. 取一微波容器，放入上述所有材料，再加入所有调料一起搅拌均匀，放入微波炉里，以1000瓦加热7分钟即可。

卤三色

🍲 材料
豆干3片、竹笋150克、水煮蛋1个、姜1小段、蒜瓣5瓣、干香菇6朵、葱1根

🍶 调料
酱油2大匙、料酒2大匙、香油1小匙、细砂糖少许、水400毫升

🍳 做法
1. 将竹笋洗净切小段，过热开水氽烫一下，备用。
2. 豆干洗净对切；水煮蛋对切；蒜瓣洗净切片；葱洗净切小段；姜洗净切片，备用。
3. 干香菇洗净，泡冷水至软备用。
4. 取一微波容器，加入上述所有材料和所有调料并拌匀，放入微波炉里，以1000瓦加热4分钟即可。

肉丝蒸白菜

材料
白菜1/2 棵（约400克）、姜末5克、肉丝50克、干香菇2朵、枸杞子3克

调料
高汤100毫升、盐1/4小匙、细砂糖1/4小匙、绍兴酒1大匙

做法
1. 白菜洗净，将较粗的白菜头部切开不切断，以方便入味；干香菇洗净泡发切丝。
2. 将白菜排放至盘上，铺上姜末、肉丝、香菇丝、枸杞子，再加入所有调料拌匀。
3. 盖上保鲜膜，放入微波炉里，以1000瓦加热8分钟后取出即可。

肉末卤娃娃菜

材料
娃娃菜4棵、蒜瓣3瓣、红辣椒1/2个、猪肉馅50克、葱1根

调料
酱油1大匙、细砂糖少许、白胡椒粉少许、辣豆瓣1小匙、水2大匙

做法
1. 先将娃娃菜洗净，去蒂备用。
2. 蒜瓣与红辣椒洗净切碎；葱洗净切小段备用。
3. 将上述所有材料与猪肉馅放入盘中，再加入所有调料拌匀。
4. 放入微波炉里，以1000瓦加热5分钟后取出，将娃娃菜翻面再加热5分钟即可。

虾炒圆白菜

材料
圆白菜300克、蒜末15克、樱花虾10克

调料
色拉油 2大匙、盐 1/2小匙

做法
1. 圆白菜洗净切小片沥干, 备用; 樱花虾洗净。
2. 取一微波用玻璃碗, 放入蒜末和樱花虾, 加入色拉油拌匀, 放入微波炉内加热1分钟爆香。
3. 取出玻璃碗, 放入圆白菜片, 撒上盐并拌匀, 盖上保鲜膜（两边各留缝隙排气）, 放入微波炉内以800瓦加热3分钟, 取出拌匀盛盘即可。

美味关键 使用可以微波的安全器皿, 例如可微波玻璃皿、可微波的塑料容器、无金属压纹的瓷器。

椒麻炒四季豆

材料
四季豆200克、猪肉馅50克、蒜瓣3瓣、红辣椒1/3个、姜1段

调料
花椒1小匙、香油1大匙、辣豆瓣1小匙、细砂糖1小匙、水3大匙、辣油1小匙

做法
1. 四季豆去除蒂头, 切成小段, 洗净备用。
2. 蒜瓣、红辣椒、姜都洗净切碎备用。
3. 将上述所有的材料与猪肉馅一起放入盘中, 加入所有调料拌匀, 再放入微波炉里, 以1000瓦加热5分钟即可。

酸辣土豆丝

材料
土豆1个(约150克)、干红辣椒 2克

调料
镇江醋1大匙、花椒油1大匙、细砂糖1小匙、盐1/6小匙

做法
1. 土豆去皮洗净切丝后，泡水洗去表面淀粉后沥干备用；干红辣椒洗净切丝备用。
2. 取一微波容器，摆入土豆丝、干红辣椒丝及所有调料拌匀。
3. 放入微波炉里，以1000瓦加热2分钟后取出，拌匀装盘即可。

奶油土豆

材料
土豆2个、洋葱1/3个、蒜瓣2瓣、胡萝卜20克

调料
奶油20克、西式综合香料少许、盐少许、黑胡椒少许、白酒1大匙

做法
1. 土豆去皮洗净，切成小块状备用。
2. 洋葱洗净切丝；蒜瓣洗净切片；胡萝卜洗净切片，备用。
3. 将上述所有材料放入盘中，加入所有调料拌匀，再放入微波炉里，以1000瓦加热8分钟即可。

炒三丝

材料
胡萝卜40克、土豆150克、葱丝10克、猪肉丝90克

调料
盐1/2小匙、细砂糖1/2小匙、色拉油2大匙

做法
1. 胡萝卜和土豆去皮，洗净切丝，备用。
2. 取一微波用玻璃碗，放入葱丝和猪肉丝，加入色拉油拌匀，放入微波炉内以800瓦加热2分钟爆香，取出将猪肉丝拌开。
3. 再加入胡萝卜丝和土豆丝，加入盐和细砂糖拌匀，盖上保鲜膜（两边各留缝隙排气），放入微波炉内以800瓦加热3分30秒，取出拌匀盛盘即可。

开阳丝瓜

材料
丝瓜350克、虾米30克、姜末15克

调料
色拉油2大匙、盐1/2 小匙、细砂糖1/4小匙、白胡椒粉1/6小匙、水淀粉1/2小匙

做法
1. 虾米泡冷水10分钟后沥干水分；丝瓜去皮洗净后切条，备用。
2. 取一微波用玻璃碗放入虾米和姜末，加入色拉油拌匀，放入微波炉内以800瓦加热1分30秒爆香。
3. 取出玻璃碗，放入丝瓜，加入盐、细砂糖、白胡椒粉以及水淀粉拌匀，盖上保鲜膜（两边各留缝隙排气），放入微波炉内以800瓦加热3分钟，取出拌匀盛盘即可。

乳香南瓜

材料
南瓜50克、姜1段、西蓝花1小块

调料
奶油20克、肉桂粉少许、香叶1片、水3大匙、盐少许、黑胡椒粉少许

做法
1. 南瓜洗净，连皮一起切成小块备用。
2. 姜洗净切片，西蓝花洗净切成小朵状备用。
3. 取一微波容器，加入上述材料(西蓝花除外)，再依序加入所有调料。
4. 放入微波炉里，以1000瓦先加热8分钟，再加入西蓝花，续微波2分钟即可。

肉末冬瓜丁

材料
冬瓜200克、猪肉馅50克、红辣椒末5克、姜末10克

调料
盐1/4小匙、细砂糖1/2小匙、料酒2大匙、香油1小匙

做法
1. 冬瓜去皮洗净切丁备用。
2. 取一微波容器，放入所有材料和所有调料拌匀，盖上保鲜膜，两边各留缝隙排气。
3. 放入微波炉里，以1000瓦加热8分钟后取出，拌匀装盘即可。

贡丸大黄瓜

材料
大黄瓜200克、贡丸8个、胡萝卜片20克、蒜末10克

调料
盐1/4小匙、细砂糖1/2小匙、料酒2大匙、水淀粉1小匙、香油1小匙

做法
1. 大黄瓜洗净去皮、去籽后，切小块；贡丸对切备用。
2. 取一微波容器，放入所有材料和所有调料拌匀，盖上保鲜膜，两边各留缝隙排气。
3. 放入微波炉里，以1000瓦加热8分钟后取出，拌匀装盘即可。

肉丝炒四季豆

材料
四季豆150克、胡萝卜40克、鲜香菇20克、猪肉丝50克、蒜末10克

调料
盐1/4小匙、细砂糖1/2小匙、料酒2大匙、香油1小匙

做法
1. 四季豆、胡萝卜及鲜香菇都洗净切丝备用。
2. 取一微波容器，放入所有材料和所有调料拌匀，盖上保鲜膜，两边各留缝隙排气。
3. 放入微波炉里，以1000瓦加热5分钟后取出，拌匀装盘即可。

炒牛蒡

材料

牛蒡120克、姜丝5克、胡萝卜丝20克、熟白芝麻3克

调料

酱油2大匙、味啉2小匙、料酒2大匙、香油1小匙

做法

① 牛蒡去皮后切丝，泡水洗净沥干后放入碗中，加入1大匙料酒，盖上保鲜膜封紧，放入微波炉内以800瓦加热3分钟软化后取出，撕去保鲜膜，沥干。

② 另取一碗，放入姜丝、胡萝卜丝，加入1大匙色拉油（材料外）拌匀后，放入微波炉内加热1分半钟后取出，放入牛蒡丝，加入剩余所有调料拌匀，再盖上保鲜膜，放入微波炉内加热3分钟后取出，撒上熟白芝麻拌匀后即可。

肉末炒豆芽菜

材料

猪肉馅80克、豆芽菜150克、胡萝卜30克、蒜瓣2瓣、红辣椒1/3个

调料

豆腐乳1/2块、香油1小匙、细砂糖1小匙、水3大匙

做法

① 豆芽菜洗净，滤水备用。

② 胡萝卜洗净切丝；蒜瓣与红辣椒洗净切碎备用。

③ 将上述所有材料与猪肉馅搅拌均匀，加入所有调料拌匀后放入盘中，移置微波炉里，以1000瓦加热3分钟即可。

豆酱桂竹笋

材料
桂竹笋200克、肉丝50克、蒜末20克、葱2根、红辣椒1个

调料
黄豆酱2大匙、细砂糖1/2小匙、料酒1小匙、淀粉1/2小匙、香油1小匙

做法
1. 桂竹笋洗净沥干切小条。
2. 葱、红辣椒洗净切丝，放入碗中，加入蒜末和1大匙色拉油（材料外）拌匀，放入微波炉内以800瓦加热1分30秒后取出，加入肉丝及黄豆酱拌匀，再放入微波炉内加热2分钟，取出后将肉丝搅散。
3. 续于碗中加入所有调料及桂竹笋条拌匀，盖上保鲜膜，放入微波炉内加热5分钟后取出，拌匀即可。

福菜卤金多耳笋

材料
金多耳笋250克、蒜瓣2瓣、客家福菜100克

调料
鸡油1大匙、盐少许、酱油1小匙、水350毫升

做法
1. 将金多耳笋洗净，再去除咸味备用。
2. 蒜瓣洗净切片；客家福菜洗净，去除咸味后，拧干水分备用。
3. 取一微波容器，加入所有调料搅拌均匀，再加入上述所有材料拌匀，放入微波炉里，以1000瓦加热5分钟即可。

辣味炒笋丝

材料
竹笋250克、猪肉馅100克、蒜瓣2瓣、红辣椒1/3个、姜1小段

调料
辣油1小匙、香油1小匙、盐少许、白胡椒粉少许

做法
1. 竹笋洗净去除咸味，切成小段状备用。
2. 蒜瓣、红辣椒与姜都洗净切成片状，备用。
3. 将上述所有材料与猪肉馅一起放入盘中，加入所有调料，再放入微波炉里，以1000瓦加热2分钟即可。

豆瓣茭白笋

材料
茭白笋250克、胡萝卜30克、蒜瓣3瓣、香菇2朵

调料
辣豆瓣1小匙、细砂糖1小匙、水3大匙、盐少许

做法
1. 将茭白笋去壳，切成滚刀状，洗净备用。
2. 胡萝卜洗净切片；蒜瓣洗净切片；香菇洗净对切；西蓝花洗净分切小朵备用。
3. 取一微波容器，加入上述所有材料与所有调料搅拌均匀。
4. 放入微波炉里，以1000瓦加热3分钟，再取出茭白笋翻面，续加热3分钟即可。

咖喱玉米粒

材料
玉米粒150克、土豆40克、胡萝卜40克、猪肉馅50克、蒜末10克

调料
色拉油2大匙、咖喱粉2大匙、盐1/4小匙、细砂糖1/2小匙、水3大匙、水淀粉1小匙

做法
1. 土豆、胡萝卜洗净切丁。
2. 取一微波容器，放入所有材料与所有调料拌匀，盖上保鲜膜，两边各留缝隙排气。
3. 放入微波炉里，以1000瓦加热4分钟后取出，拌匀装盘即可。

香辣萝卜干

材料
碎萝卜干100克、猪肉馅30克、小鱼干20克、葱粒20克、红辣椒末5克、蒜末10克、豆豉20克

调料
色拉油2大匙、细砂糖1/2小匙

做法
1. 碎萝卜干略洗过后挤干水分；豆豉略冲洗沥干，备用。
2. 取一微波碗，放入所有材料与所有调料拌匀，盖上保鲜膜，两边各留缝隙排气。
3. 放入微波炉里，以1000瓦加热5分钟后取出，拌匀装盘即可。

蚝油炒香菇

材料
香菇8朵、洋葱1/2个、胡萝卜20克、蒜瓣2瓣

调料
蚝油2大匙、细砂糖少许、胡椒粉少许

做法

1. 香菇洗净去蒂头；洋葱洗净切丝；胡萝卜与蒜瓣洗净切成片状，备用。
2. 取一微波容器，放入上述所有材料，再加入所有调料搅拌均匀。
3. 放入微波炉里，以1000瓦加热1分30秒即可。

蚝油杏鲍菇

材料
杏鲍菇120克、葱2根、红辣椒1个、姜末5克

调料
蚝油2大匙、料酒1大匙、淀粉1/4小匙、香油1小匙

做法

1. 杏鲍菇切小块洗净沥干；葱洗净切小段；红辣椒洗净切片备用。
2. 取一微波容器，放入所有材料和所有调料搅拌均匀，盖上保鲜膜，两边各留缝隙排气。
3. 放入微波炉里，以1000瓦加热7分钟后取出，拌匀后装盘即可。

红烧蛋豆腐

材料
蛋豆腐1盒、葱1根、蒜瓣2瓣、洋葱1/3个

调料
酱油1大匙、香油1小匙、水1大匙、盐少许、白胡椒粉少许

做法
1. 蛋豆腐切成厚片状备用。
2. 将葱、蒜瓣洗净切碎；洋葱洗净去皮切丝，备用。
3. 将切好的蛋豆腐排入盘中，加入做法2的材料与所有调料，放入微波炉里，以1000瓦加热1分30秒即可。

豆酥蛋豆腐

材料
蛋豆腐1盒、豆酥5大匙、蒜末20克、红辣椒末10克、葱花20克

调料
色拉油3大匙、细砂糖1小匙

做法
1. 蛋豆腐切厚片，放入微波盘中，盖上保鲜膜，放入微波炉内加热3分钟后取出，倒出水分。
2. 微波碗中加入豆酥、蒜末、红辣椒末、色拉油拌匀，放入微波炉中以800瓦加热4分钟后取出。
3. 趁热将细砂糖、葱花放入做法2的豆酥中拌匀，铺至蛋豆腐片上即可。

虾仁蛋豆腐

材料
胡萝卜15克、香菇2朵、青豆仁30克、蛋豆腐2块、大虾仁16只、色拉油15毫升、水淀粉（水：粉＝2：1）15毫升、香油适量、香菜适量

调料
高汤200毫升、盐5克、味精5克、糖10克、香油15毫升

做法
1. 胡萝卜、香菇洗净切丁装碗，加青豆仁、色拉油一同置入微波容器中，拌匀后放入微波炉中，用800瓦加热2分钟。
2. 将蛋豆腐铺在盘上，再将做法1的材料铺在蛋豆腐上，淋上调匀的调料，放入微波炉中，以800瓦加热5分钟。
3. 将虾仁铺在做法2的材料上，淋上水淀粉勾芡，再放入微波炉中，以800瓦加热3分30秒。
4. 最后淋上少许香油，用香菜装饰即可。

麻婆豆腐

材料
盒装豆腐1盒、猪肉馅50克、葱2根、蒜末10克、姜末5克

调料
辣椒酱2大匙、酱油2小匙、细砂糖1/2匙、料酒1小匙、水2大匙、淀粉1小匙、香油1小匙、花椒粉1/8小匙

做法
1. 豆腐切丁；葱洗净切花。
2. 取一碗，放入蒜末、姜末、辣椒酱，加入1大匙色拉油（材料外）拌匀，放入微波炉内加热1分30秒取出，加入猪肉馅拌匀，再放入微波炉内加热2分钟，取出后将肉末搅散。
3. 续于碗中加入其余调料和豆腐丁，轻轻拌匀，盖上保鲜膜，两边各留缝隙排气，再放入微波炉内，以800瓦加热4分钟后取出，撒上葱花拌匀即可。

鱼香茄子

材料
茄子300克、肉馅50克、蒜末10克、姜末10克、葱花10克

调料
辣椒酱2大匙、酱油2小匙、白醋1小匙、细砂糖2小匙、料酒2大匙、香油1小匙

做法
1. 茄子洗净后切滚刀块。
2. 取一微波容器，放入所有材料和所有调料拌匀，盖上保鲜膜，两边各留缝隙排气。
3. 放入微波炉里，以1000瓦加热5分钟后取出，拌匀装盘即可。

塔香茄子

材料
茄子300克、辣椒末15克、蒜末10克、姜末10克、罗勒叶10克

调料
酱油2大匙、细砂糖2小匙、料酒2大匙、香油1小匙

做法
1. 茄子洗净后切滚刀块。
2. 取一微波容器，放入所有材料和所有调料拌匀，盖上保鲜膜，两边各留缝隙排气。
3. 放入微波炉里，以1000瓦加热5分钟后取出，拌匀装盘即可。

咸蛋炒苦瓜

材料

苦瓜1根（约400克）、熟咸蛋2个、葱1根、红辣椒1个、蒜末10克

调料

A 细砂糖1大匙、水3大匙
B 盐1/8小匙、细砂糖1/4小匙、淀粉1/4小匙、香油1小匙

做法

① 苦瓜洗净去籽切薄片；咸蛋剥壳后切碎；葱、红辣椒洗净切丝。

② 苦瓜片放入微波碗中加入调料A，盖上保鲜膜封紧，放入微波炉内800瓦加热4分钟后取出，撕去保鲜膜，沥干。

③ 另取一碗，放入葱丝、红辣椒丝、蒜末，加入一大匙色拉油（材料外）拌匀后，放入微波炉内加热2分钟取出，加入苦瓜片、咸蛋碎末、调料B拌匀，放入微波炉内加热3分钟即可。

辣酱炒剑笋

材料

剑笋200克、猪肉馅50克、蒜末20克

调料

辣豆瓣酱2大匙，酱油、香油、料酒各1小匙，细砂糖、淀粉各1/2小匙

做法

① 先将剑笋洗净沥干。取一微波碗，放入蒜末、辣豆瓣酱，加入1大匙色拉油（材料外）拌匀后，放入微波炉内以800瓦加热1分30秒。

② 取出微波碗，放入猪肉馅拌匀，再放入微波炉内以800瓦加热2分钟爆香，取出后将肉末拌散。

③ 续于微波碗中加入其余调料及剑笋拌匀，盖上保鲜膜，两边各留缝隙排气。

④ 将做法4放入微波炉内，以800瓦加热4分钟后取出，拌匀装盘即可。

33

虾酱空心菜

材料
空心菜500克、红辣椒1个、蒜末10克

调料
虾酱1大匙、细砂糖1/4小匙、料酒1小匙

做法
1. 空心菜切小段洗净沥干；红辣椒洗净切碎。
2. 将空心菜段放入微波碗中，盖上保鲜膜，再放入微波炉内，以800瓦加热1分钟后取出，沥干水分。
3. 另取一微波碗，放入红辣椒末、蒜末及虾酱，加入1大匙色拉油（材料外）拌匀后，放入微波炉内加热1分30秒爆香。
4. 取出做法3的碗，放入空心菜，加入细砂糖及料酒拌匀，再盖上保鲜膜，两边各留缝隙排气。
5. 放入微波炉内，以800瓦加热1分钟后取出，拌匀后装盘即可。

烤白菜

材料
Ⓐ 大白菜1/2棵、洋葱1/2个、培根3片、奶油15克
Ⓑ 奶酪丝30克、奶酪粉15克、红葱头末15克
Ⓒ 牛奶70毫升、熟土豆丁30克

调料
Ⓐ 色拉油15毫升、水30毫升、细纱糖5克、盐3克
Ⓑ 奶油30克、面粉45克、高汤175毫升、鸡粉10克、胡椒粉5克

做法
1. 先将大白菜剥开洗净、切大块，加入调料A拌匀，覆盖保鲜膜以800瓦加热3分钟取出，铺于碗底。将调料B及材料C调匀成糊糊。
2. 洋葱洗净切末，培根切小块，一起放入碗内，加奶油一起放入微波炉内；加热2分钟，趁热加入做法1的糊糊搅拌均匀，倒于大白菜上，撒上材料B，放入微波炉中加热2分钟即可。

PART 2

猪肉、排骨，
微波也能做大餐

红烧排骨、红烧肉、粉蒸肉、回锅肉，听起来是不是口水直流、胃也在"呱呱叫"？不用着急，更不用花昂贵的代价去餐馆，也不需要复杂的程序，简单几个步骤，十来分钟，一碗美味醇香的佳肴就出炉了。

薯香炖肉

材料
梅花肉200克、土豆1个、番薯1个、蒜瓣3瓣、四季豆20克、红辣椒10克

调料
奶油10克、酱油1小匙、水350毫升、料酒1大匙、细砂糖1小匙

做法
1. 将梅花肉洗净，切成大块状备用。
2. 土豆与番薯去皮洗净再切小块状；蒜瓣洗净切片；四季豆洗净切丁；红辣椒切小片备用。
3. 取一容器，加入上述材料与所有调料，放入微波炉里，以1000瓦加热10分钟即可。

面轮卤肉

材料
五花肉250克、面轮10个、竹笋150克、姜1小段、葱2根、蒜瓣2瓣、红辣椒1个

调料
酱油1大匙、水500毫升、鸡粉1小匙、盐少许、白胡椒少许、香油1小匙

做法
1. 先将五花肉洗净，再切成小条状备用。
2. 其余材料全部洗净，面轮泡软；竹笋切丝；葱切段；蒜瓣切片；红辣椒对切备用。
3. 取一微波容器，将上述所有材料与所有调料一起加入，搅拌均匀后放入微波炉里，以1000瓦加热8分钟即可。

萝卜烧肉

材料
五花肉300克、白萝卜100克、胡萝卜60克、红辣椒片10克、姜片10克、葱段15克

调料
酱油3大匙、料酒2大匙、细砂糖2小匙、水200毫升

做法
1 五花肉洗净切小块，白萝卜及胡萝卜洗净切块备用。
2 取一微波容器，放入所有材料，加入所有调料拌匀，盖上保鲜膜，两边各留缝隙排气。
3 放入微波炉里，以1000瓦加热15分钟后取出，拌匀装盘即可。

土豆烧肉

材料
五花肉300克、土豆150克、胡萝卜60克、红辣椒片10克、姜片10克、葱段15克

调料
酱油3大匙、料酒2大匙、细砂糖2小匙、水100毫升

做法
1 五花肉洗净切小块，土豆去皮洗净切块，胡萝卜洗净切块备用。
2 取一微波碗，放入所有材料，加入所有调料拌匀，盖上保鲜膜，两边各留缝隙排气。
3 放入微波炉里，以1000瓦加热15分钟后取出，拌匀装盘即可。

五味烧肉

材料
梅花肉200克、蒜瓣3瓣、姜1小段、葱1根、香菜梗3克、红辣椒1个

调料
酱油1小匙、细砂糖1小匙、盐少许、黑胡椒少许

做法
1. 梅花肉洗净切成小块状，洗净备用。
2. 蒜瓣、红辣椒、姜、葱、香菜梗都洗净切碎备用。
3. 取一微波容器，放入上述所有材料，再加入所有调料，放入微波炉里，以1000瓦加热7分钟即可。

啤酒排骨

材料
排骨300克、土豆100克、干香菇50克、干红辣椒3克、姜片10克、蒜苗50克、肉桂5克、花椒1小匙

调料
盐1/2小匙、细砂糖1小匙、啤酒350毫升

做法
1. 排骨洗净剁小块，蒜苗洗净切小段；土豆洗净切小块备用。
2. 取一微波容器，放入所有材料和所有调料拌匀，然后盖上保鲜膜，两边各留缝隙排气。
3. 放入微波炉里，以1000瓦加热10分钟后取出，拌匀装盘即可。

南瓜排骨

材料

排骨300克、南瓜120克、红辣椒片10克、姜片10克、蒜片10克、葱段15克

调料

盐1/2小匙、料酒1大匙、细砂糖1小匙、水80毫升

做法

1. 排骨洗净剁小块；南瓜去皮洗净切块备用。
2. 取一微波容器，放入所有材料和所有调料拌匀，然后盖上保鲜膜，两边各留缝隙排气。
3. 放入微波炉里，以1000瓦加热8分钟后取出，拌匀装盘即可。

西红柿排骨

材料

排骨400克、西红柿200克、洋葱50克、蒜末20克、葱段20克

调料

番茄酱2大匙、料酒2大匙、细砂糖2小匙、水100毫升

做法

1. 排骨、西红柿及洋葱洗净切小块。
2. 取一微波容器，放入所有材料和所有调料拌匀，然后盖上保鲜膜，两边各留缝隙排气。
3. 放入微波炉里，以1000瓦加热10分钟后取出，拌匀装盘即可。

味噌烧排骨

材料
排骨300克、胡萝卜150克、红辣椒片10克、姜片10克、葱段15克

调料
色拉油、赤味噌、料酒各2大匙，细砂糖1小匙、水50毫升

做法
1. 排骨洗净剁小块；胡萝卜洗净切块；赤味噌与水调匀备用。
2. 取一微波容器，放入所有材料和所有调料拌匀，然后盖上保鲜膜，两边各缝隙排气。
3. 放入微波炉里，以1000瓦加热12分钟后取出，拌匀装盘即可。

菠萝烧排骨

材料
排骨300克、菠萝肉100克、洋葱片40克、红辣椒片10克、姜片10克、葱段15克

调料
色拉油2大匙、盐1/2小匙、料酒1大匙、细砂糖2小匙、水80毫升

做法
1. 排骨洗净剁小块；菠萝肉切小块备用。
2. 取一微波容器，放入所有材料和所有调料拌匀，盖上保鲜膜，两边各留缝隙排气。
3. 放入微波炉里，以1000瓦加热12分钟后取出，拌匀装盘即可。

橘酱烧排骨

材料
排骨350克、蟹味菇1包、蒜瓣3瓣、红辣椒1/2个

调料
客家橘酱2大匙、酱油1大匙、细砂糖1小匙、香油1小匙、料酒1大匙

做法
1. 先将排骨洗净，再切成小块状备用。
2. 蟹味菇去蒂洗净；蒜瓣、红辣椒洗净切末备用。
3. 取一微波容器，放入所有调料搅拌均匀，再加入上述材料搅拌均匀，放入微波炉里，以1000瓦加热5分钟即可。

橙汁烧排骨

材料
排骨300克、洋葱1/2个、蒜瓣2瓣、香菇3朵

调料
橙汁300毫升、盐少许、白胡椒少许、奶油1小匙、淀粉1小匙

做法
1. 排骨洗净切成小块状，用热开水汆烫过水备用。
2. 将洋葱洗净切小块；蒜瓣洗净切片；香菇去蒂洗净切小块，备用。
3. 取一微波容器，放入上述材料和所有调料，再放入微波炉里，以1000瓦加热5分钟即可。

红曲蒸排骨

材料

排骨300克、蒜末20克、姜末5克、葱花5克

调料

红曲酱3大匙、细砂糖1大匙、淀粉1大匙、水1大匙、料酒1大匙、香油30毫升

做法

1. 排骨洗净剁小块，冲水洗去血水后捞起沥干备用。
2. 排骨倒入大盆中，加入蒜末、姜末及所有调料，充分搅拌均匀至水分被排骨吸收。
3. 加入香油拌匀后放入可微波的盘中，盖上保鲜膜，放入微波炉里，以1000瓦加热8分钟，取出后撒上葱花即可。

豆皮鲜肉卷

材料

豆皮3片、猪肉馅200克、香菜2棵、蒜瓣2瓣、红辣椒1/3个、香菇2朵

调料

香油1小匙、酱油1小匙、蛋清（1个鸡蛋量）、料酒1大匙、淀粉1大匙

做法

1. 香菜、蒜瓣、红辣椒、香菇都洗净切成碎状备用。
2. 取一微波容器，先加入做法1材料、猪肉馅混合均匀，再加入所有调料混匀，然后摔至出筋。
3. 把豆皮摊平在桌面上，分别加入适量做法2的猪肉馅，再将豆皮缓缓包卷起成圆柱状，摆入盘中，放入微波炉里，以1000瓦加热6分钟即可。

酿苦瓜

材料
苦瓜1根、猪肉馅225克

调料
Ⓐ 盐5克、料酒10毫升、香油5毫升、淀粉5克、蒜末5克、酱油15毫升、葱末15克
Ⓑ 红辣椒末15克、豆豉15克、色拉油15毫升
Ⓒ 盐5克、细砂糖5克

做法
① 苦瓜洗净去籽，切成圆柱状后以适量盐及淀粉（分量外）涂抹均匀备用。
② 将猪肉馅与调料A搅拌均匀，摔打成有黏性的肉馅。
③ 将肉馅镶入苦瓜内，排入刷好油之盘中，再加入调料B及调料C，用800瓦加热15分钟即可。

茄汁肉丸子

材料
猪肉馅200克、蒜瓣3瓣、荸荠2颗、红辣椒1/3个、葱1根、大西红柿1个

调料
番茄酱2大匙、水300毫升、香油1小匙、酱油1小匙、细砂糖1小匙

做法
① 荸荠去皮洗净再切碎；蒜瓣、红辣椒、葱都洗净切碎；大西红柿洗净切成大块状备用。
② 将猪肉馅放在容器中，加入做法1的材料，与所有调料（水除外），混合均匀后将肉馅摔至出筋，再塑成小圆球备用。
③ 取一微波容器，摆入肉丸子，再加入大西红柿块、水，然后放入微波炉里，以1000瓦先加热4分钟，取出来翻面再续加热2分钟即可。

樱桃红酒冻

材料

生咸蛋黄	2个
猪肉馅	200克
姜末	5克
葱花	10克

调料

盐	1/4小匙
酱油	1小匙
细砂糖	1小匙
白胡椒粉	1/2小匙
水	2大匙
淀粉	1小匙
香油	1大匙

做法

1. 将生咸蛋黄切小粒。

2. 猪肉馅、姜末、葱花放入钢盆中，加入盐后顺同一方向搅拌至有黏性。

3. 再加入酱油、细砂糖、白胡椒粉拌匀，加入水顺同一方向拌至水被肉吸收。

4. 最后加入淀粉及香油拌匀装盘，铺上咸蛋黄，盖上保鲜膜，放入微波炉里，1000瓦加热5分钟即可。

蒸瓜子肉

材料

猪肉馅250克、瓜子肉罐头1瓶、蒜瓣2瓣、香菜2棵、红辣椒1个（切碎）

调料

酱油1小匙、白胡椒粉少许、料酒1小匙、淀粉1大匙、香油1小匙

做法

1. 从罐头中取出瓜子肉去除水分，切成碎状备用。
2. 将蒜瓣、香菜都切成碎状备用。
3. 将猪肉馅与上述材料加入容器中，加入所有调料搅拌均匀，将猪肉馅摔至出筋后，放入微波碗中塑形，再放入微波炉里，1000瓦加热9分钟即可。

姜丝炒大肠

材料

猪大肠250克、姜50克、蒜瓣3瓣、红辣椒1/2个、酸菜80克、葱2根

调料

黄豆酱2大匙、料酒1大匙、酱油1小匙、细砂糖1小匙、白醋1大匙

做法

1. 先将猪大肠洗净，再切成小段状备用。
2. 姜洗净切丝；酸菜切丝；红辣椒与蒜瓣洗净切片；葱切小段备用。
3. 将所有调料放入微波容器中搅拌均匀，再加入上述所有材料混合均匀，放入微波炉里，以1000瓦加热5分钟后取出搅拌均匀，再加热4分钟即可。

香蒜肉片

材料
五花肉片100克、红辣椒丝10克、蒜苗80克

调料
花椒粉1/8小匙、酱油1小匙、料酒1大匙

做法
1. 蒜苗洗净切丝备用。
2. 取一微波容器，放入所有材料和所有调料搅拌均匀，盖上保鲜膜，两边各留缝隙排气。
3. 放入微波炉里，1000瓦加热5分钟后取出，拌匀装盘即可。

泡菜炒肉片

材料
韩式泡菜100克、五花肉100克、蒜苗40克、姜末10克

调料
辣椒酱1大匙、酱油1小匙、细砂糖1小匙

做法
1. 泡菜及蒜苗切小片；五花肉洗净切薄片，备用。
2. 取一微波容器，放入所有材料及所有调料拌匀，盖上保鲜膜，两边各留缝隙排气。
3. 放入微波炉里，以1000瓦加热6分钟后取出，撕去保鲜膜装盘即可。

西红柿猪柳

材料
猪里脊肉200克、洋葱50克、蒜末10克、西红柿200克

调料
Ⓐ 水1大匙、淀粉1小匙、盐1/4小匙、细砂糖1/4小匙
Ⓑ 盐1/6小匙、番茄酱1大匙、细砂糖1大匙、水1大匙、水淀粉1/2小匙、香油1大匙

做法
❶ 猪里脊肉洗净切条后用调料A拌匀；洋葱洗净切丝；西红柿洗净切片备用。
❷ 取一微波容器，放入所有材料和所有调料拌匀，然后盖上保鲜膜，两边各留缝隙排气。
❸ 放入微波炉里，以1000瓦加热6分钟后取出，拌匀装盘即可。

黑椒黄金猪肉

材料
梅花肉250克、番薯300克、洋葱1/3个、蒜瓣2瓣、红甜椒1/4个

调料
奶油10克、盐少许、黑胡椒粉1小匙、料酒1小匙

做法
❶ 将梅花肉洗净切成小块状备用。
❷ 番薯去皮洗净切小块；洋葱洗净切小片；红甜椒洗净切小块；蒜瓣洗净切片备用。
❸ 取一微波容器，加入上述材料与所有调料，放入微波炉里，以1000瓦加热3分钟即可。

榨菜肉丝

材料
榨菜1/2个、猪肉丝150克、红辣椒1个、蒜瓣2瓣、葱1根

腌料
酱油15毫升、香油10毫升、白胡椒粉适量、细砂糖17克

做法
1. 榨菜切丝，泡水去除盐分；蒜瓣洗净切碎；红辣椒、葱洗净切丝备用。
2. 肉丝用腌料腌渍10分钟备用。
3. 取一微波容器加入色拉油（材料外）、蒜碎末、红辣椒丝，以及腌好的肉丝混合均匀，放入微波炉里以800瓦加热3分钟，再加入榨菜丝、葱丝，800瓦加热2分30秒即可。

豆干炒肉丝

材料
豆干100克、猪肉丝100克、葱2根、姜10克、红辣椒1个

调料
A 料酒1/2小匙、酱油1小匙、淀粉1/4小匙
B 酱油2大匙、淀粉1/4小匙，细砂糖、香油各1小匙

做法
1. 猪肉丝用调料A抓匀。其余材料洗净切丝。
2. 取两只微波碗，一只放入肉丝和1小匙色拉油（材料外），另一只放入切好的四丝加1大匙色拉油（材料外），分别拌匀后盖上保鲜膜，先后放入微波炉内，以800瓦各加热2分钟，取出。
3. 将两只碗中的材料倒入一碗中，再加入调料B拌匀，盖上保鲜膜，两边各留缝隙排气，再次加热4分钟，取出拌匀即可。

回锅肉

材料
五花肉	200克
青甜椒	1/2个
胡萝卜	30克
黑豆干	1块
蒜苗	1根
葱	2根
姜	4片
蒜瓣	2瓣

调料
A
细砂糖	5克
辣豆瓣酱	7克
甜面酱	15克
酱油膏	15克
色拉油	30毫升

B
盐	5克
酒	30毫升
水	50毫升

C
水淀粉	15毫升
香油	3毫升

做法
1. 青甜椒洗净去籽切片；胡萝卜洗净去皮切片；蒜苗、葱洗净切段；黑豆干、蒜瓣洗净切片备用。
2. 将蒜片、调料A拌匀，覆盖保鲜膜，用800瓦加热1分30秒做成辣酱备用。
3. 五花肉洗净拭干，加入葱段、姜片及调料B涂抹均匀，覆盖保鲜膜，用800瓦加热6分钟，翻面再加热5分钟，取出待凉切片备用。
4. 将做法3的肉片与做法2的辣酱放入容器中，再加入黑豆干片、青甜椒片、胡萝卜片、蒜苗段和调料C拌匀，覆盖保鲜膜，用800瓦加热4分钟，取出拌匀即可。

蒜苗炒腊肉

材料
湖南腊肉180克、蒜苗150克、红辣椒1个、蒜瓣2瓣

调料
水3大匙、酱油1大匙、细砂糖1/2小匙、香油1小匙

做法
1. 腊肉切片；蒜苗、红辣椒、蒜瓣洗净切小片备用。
2. 取一微波容器，放入上述所有材料和所有调料拌匀，盖上保鲜膜，两边各留缝隙排气。
3. 放入微波炉里，以800瓦加热9分钟后取出，撕去保鲜膜，拌匀后装盘即可。

肉丝茭白笋

材料
茭白笋100克、猪肉丝100克、葱丝20克、蒜末10克

调料
色拉油2大匙、盐1/4小匙、料酒2大匙、香油1小匙

做法
1. 茭白笋洗净切丝。
2. 取一微波容器，放入所有材料和所有调料拌匀，盖上保鲜膜，两边各留缝隙排气。
3. 放入微波炉内，以1000瓦加热4分钟后取出，拌匀装盘即可。

洋葱炒霜降猪肉

材料
霜降猪肉200克、洋葱1/2个、蒜瓣3瓣、红辣椒1/2个、香菇2朵

调料
黑胡椒酱3大匙、料酒1大匙、盐少许

做法
1. 霜降猪肉切成小条状，洗净备用。
2. 洋葱洗净切丝；香菇、蒜瓣与红辣椒洗净切片，备用。
3. 取一微波容器，加入上述所有材料与所有调料一起搅拌均匀。
4. 最后放入微波炉里，以1000瓦加热5分钟即可。

腐乳炒肉条

材料
五花肉250克、蟹味菇1包、红甜椒1/3个、蒜瓣2瓣、红辣椒1/3个、西蓝花1/4个

调料
豆腐乳1块、料酒1大匙、盐少许、白胡椒粉少许、细砂糖1小匙、鸡高汤200毫升

做法
1. 五花肉洗净，切成小条状；西蓝花洗净修成小朵备用。
2. 蟹味菇去蒂洗净；红甜椒洗净切条；蒜瓣与红辣椒洗净切片备用。
3. 取一微波容器，放入所有调料以汤匙搅拌均匀，再加入上述所有材料一起搅拌均匀，放入微波炉里，以1000瓦加热5分钟即可。

辣酱豆干肉丁

📋 材料
猪肉丁100克、豆干80克、熟毛豆仁50克、胡萝卜50克、葱花10克、蒜末10克

🧂 调料
辣豆瓣2大匙、甜面酱1大匙、料酒2大匙、细砂糖2小匙、水50毫升、水淀粉2小匙、香油2小匙

📺 做法
① 豆干及胡萝卜洗净、切丁。
② 取一微波容器，放入所有材料和所有调料拌匀，盖上保鲜膜，两边各留缝隙排气。
③ 放入微波炉里，以1000瓦加热6分钟后取出，拌匀装盘即可。

炸酱

📋 材料
猪肉馅300克、胡萝卜丁15克、青豆仁15克、豆干丁45克

🧂 调料
甜面酱30克、豆瓣酱15克、细砂糖10克、水500毫升

📺 做法
① 将所有材料一起放入微波容器中拌匀，以800瓦加热2分钟。
② 取出后，再加入调料拌匀，以800瓦加热5分钟即可。
③ 食用时淋在面条上，或者拌饭，或者和馒头一起吃都非常美味。

雪里蕻炒肉末

📋 **材料**
雪里蕻300克、猪肉馅200克、蒜瓣2瓣、红辣椒1/2个、姜1小段、香菇2朵

🧂 **调料**
辣豆瓣1小匙、料酒1大匙、水适量、鸡精1小匙

🍳 **做法**
① 将雪里蕻洗净，沥干水分切碎备用。
② 蒜瓣、红辣椒洗净切片；姜洗净切碎；香菇洗净切小丁备用。
③ 取一微波容器，放入上述的材料、猪肉馅与所有调料一起搅拌均匀，摊平后放入微波炉里，以1000瓦加热4分钟即可。

肉末炒毛豆仁

📋 **材料**
毛豆仁200克、胡萝卜丁30克、猪肉馅100克、蒜末10克

🧂 **调料**
豆瓣酱1大匙、盐1/4小匙、细砂糖1小匙、料酒1小匙、水1大匙、淀粉1/2小匙

🍳 **做法**
① 毛豆仁放入微波碗中，加入200毫升水，盖上保鲜膜，放入微波炉内加热3分钟，取出冲冷水，洗去皮膜沥干备用。
② 另取一碗，放入蒜末、猪肉馅、色拉油（材料外）拌匀，放入微波炉内加热2分钟，取出将猪肉馅拌开。
③ 所有调料调成酱汁；取毛豆仁和胡萝卜丁放入肉馅碗中，倒入酱汁拌匀，盖上保鲜膜，放入微波炉内加热3分30秒后取出，拌匀即可。

蜜汁叉烧

材料
梅花肉	300克

调料
酱油	2大匙
红腐乳	1小块
细砂糖	5大匙
五香粉	1/4小匙
豆瓣酱	1大匙

做法
1. 将所有调料拌匀成腌酱备用。
2. 梅花肉洗净切成厚约1厘米的肉条，加入做法1的腌酱腌渍2小时备用。
3. 微波炉按"薄块烧烤"键选择"双面功能"。时间设定10分钟，将猪肉条放在烧烤盘上，再放入微波炉中，按下"开始"键即可。（具体根据微波炉功能操作）

美味关键 有特殊沟槽造型的烧烤盘，非常适合拿来烧烤肉类。在烹调的时候，烤盘吸收微波产生热能，将肉类的油脂逼出并且会流到烤盘的沟槽凹陷处，具有减少食物中油脂的效果，非常符合现代流行的健康理念。

京酱肉丝

🍲 材料
猪肉丝250克、蒜末10克、红辣椒丝10克、小黄瓜丝120克

🧂 调料
色拉油2大匙、甜面酱3大匙、番茄酱2小匙、料酒1大匙、水1大匙、细砂糖2小匙、香油1大匙、水淀粉1小匙

🍳 做法
❶ 小黄瓜洗净切丝，放置盘上垫底备用。

❷ 取一微波容器，放入猪肉丝、蒜末，加入所有调料拌匀，盖上保鲜膜，两边各留缝隙排气。

❸ 放入微波炉里，以1000瓦加热5分钟后取出拌匀，铺至小黄瓜丝上，再摆上红辣椒丝即可。

苍蝇头

🍲 材料
猪肉馅50克、韭菜花150克、豆豉10克、蒜末10克、红辣椒1个

🧂 调料
色拉油1大匙、酱油2小匙、细砂糖1/2小匙、香油1小匙

🍳 做法
❶ 韭菜花洗净后切丁；豆豉洗后沥干；红辣椒洗净切细。

❷ 取一微波容器，放入所有材料和所有调料拌匀，然后盖上保鲜膜，两边各留缝隙排气。

❸ 放入微波炉里，以1000瓦加热4分钟后取出，拌匀装盘即可。

蚂蚁上树

材料
粉丝1把、猪肉馅150克、蒜瓣3瓣、红辣椒1个、葱1根

调料
辣豆瓣1小匙、料酒1大匙、鸡高汤2大匙、细砂糖少许、香油1小匙

做法
1. 将粉丝泡冷水约20分钟至软，滤干水分备用。
2. 蒜瓣、红辣椒、葱都洗净切成碎状备用。
3. 取一微波容器，放入上述所有材料与所有调料一起搅拌均匀，放入微波炉里，以1000瓦加热3分钟即可。

泰式肉末

材料
猪肉馅150克、红辣椒末20克、葱末10克、蒜末10克、罗勒5克

调料
色拉油2大匙、鱼露1大匙、蚝油1小匙、香油1小匙

做法
1. 取一微波容器，放入所有材料和所有调料拌匀，盖上保鲜膜，两边各留缝隙排气。
2. 放入微波炉里，以1000瓦加热5分钟后取出，拌匀装盘即可。

葱香白切肉

材料
五花肉350克、葱2根、姜1小段

调料
酱油1大匙、细砂糖1小匙、香油1小匙

做法

1. 将五花肉洗净切片；葱洗净切片；姜洗净切丝备用。

2. 取一微波容器，放入五花肉，再放入微波里，以1000瓦加热6分钟后取出摆盘，以葱丝和姜丝装饰。

3. 将所有调料调匀作为蘸酱即可。

泰式大薄片肉

材料
梅花肉250克、豆芽菜50克、姜1小段、葱1根、红辣椒1个

调料
泰式鱼露1小匙、细砂糖少许、酱油1小匙、泰式酸辣酱1大匙、柠檬汁1小匙

做法

1. 将梅花肉洗净切片备用。

2. 将葱、红辣椒洗净切片；姜洗净切丝；豆芽菜洗净，备用。

3. 取一微波容器，放入上述所有材料，再放入微波炉里，以1000瓦微波4分30秒后，取出装盘。

4. 将所有调料搅拌均匀作为酱汁即可。

粉蒸肉

材料

五花肉	250克
蒜末	20克
姜末	10克
番薯	200克

调料

辣椒酱	2大匙
豆瓣酱	2大匙
细砂糖	1小匙
绍兴酒	2大匙
水	50毫升
蒸肉粉	3大匙
香油	1大匙

做法

1. 番薯去皮洗净切小块，五花肉洗净切厚片。
2. 将五花肉片、姜末、蒜末与所有调料一起拌匀后，腌渍约10分钟。
3. 放入微波盘中，盖上保鲜膜，再放入微波炉里，以1000瓦加热6分钟后取出，撕去保鲜膜即可。

酸菜炒肉丝

材料
酸菜100克、猪肉丝50克、红辣椒2个、姜10克

调料
Ⓐ 料酒1/2小匙、酱油2小匙、淀粉1/4小匙
Ⓑ 细砂糖1大匙、香油1小匙

做法
① 酸菜洗净切丝；姜及红辣椒洗净切丝；猪肉丝用调料A抓匀备用。

② 取一微波容器，放入酸菜丝、姜及红辣椒，加入细砂糖拌匀，放入微波炉里，以800瓦加热2分钟后取出。

③ 加入猪肉丝及香油拌匀，盖上保鲜膜，两边各留缝隙排气，放入微波炉里，以800瓦加热7分钟后取出，拌匀装盘即可。

肉丝炒苦瓜

材料
苦瓜200克、猪肉丝70克、蒜末10克、红辣椒丝10克

调料
盐1/2小匙、细砂糖1小匙

做法
① 苦瓜洗净去籽切片，放入微波碗中，加入150毫升水和1大匙细砂糖（材料外），盖上保鲜膜，放入微波炉内加热2分30秒，取出沥干。

② 另取一微波碗，放入蒜末、红辣椒丝、猪肉丝加入色拉油（材料外）拌匀，放入微波炉内加热1分30秒，取出后将猪肉丝搅散。

③ 续于碗中加入调料和苦瓜片拌匀，盖上保鲜膜，放入微波炉内加热3分钟，取出拌匀即可。

京都排骨

材料
排骨300克、洋葱片100克、青甜椒块50克、胡萝卜片25克、色拉油30毫升

调料
香油15毫、色拉油15毫升、酱油30毫升、玉米粉15克、番茄酱30克、细砂糖30克、水120毫升

腌料
胡椒粉5克、嫩肉粉10克、葱末10克、姜末10克、水10毫升

做法
1. 排骨洗净沥干，切块后加入腌料抓拌并腌渍1小时备用。
2. 色拉油用800瓦加热4分钟，放入腌好的排骨，再正反两面各加热5分钟取出。
3. 趁热加入青甜椒块、洋葱片、胡萝卜片及调料拌匀，覆盖保鲜膜，用800瓦加热3分钟即可。

豆豉排骨

材料
排骨300克

调料
葱1根、红辣椒1个、豆豉15克、蒜瓣3瓣、色拉油30毫升

腌料
葱1根、蒜瓣3瓣、酱油15毫升、细砂糖10克

做法
1. 腌料的葱洗净切段，蒜瓣洗净切片，加入酱油、细砂糖与洗净的排骨腌30分钟备用。
2. 调料的葱洗净切末、红辣椒洗净切丝、蒜瓣洗净切片，与豆豉、色拉油一起混合均匀。
3. 再加入排骨拌匀，以600瓦加热20分钟后盛盘，放上少许葱末和红辣椒丝(分量外)装饰即可。

百合烧里脊

材料
猪里脊肉300克、百合适量、葱2根、姜3片

调料
细砂糖5克、番茄酱30克、酱油30毫升、油30毫升

腌料
胡椒粉5克、细砂糖5克、酱油30毫升、水淀粉（水：粉＝2：1)15毫升、黄酒15毫升

做法

1. 葱洗净切段；猪里脊肉洗净后切成片状，加入一半葱段、腌料拌匀，腌45分钟。
2. 百合洗净后，放入碗中加水30毫升并覆盖保鲜膜，用800瓦加热2分30秒后，捞出沥干。
3. 剩下葱段、姜片与调料一起放入碗中，覆盖保鲜膜，用800瓦加热2分钟后，捞出葱段、姜片。将腌好的肉片加入碗中拌匀，覆盖保鲜膜，用800瓦加热5分钟后，加入百合拌匀即可。

珍珠丸子

材料
猪肉馅250克、长糯米100克、荸荠2颗、蒜瓣2瓣、红辣椒1/3个

调料
料酒1小匙、酱油1小匙、五香粉1小匙、蛋清1个、淀粉1小匙

做法

1. 长糯米洗净，再泡冷水约1小时至软，备用。
2. 荸荠去皮洗净切碎；蒜瓣与红辣椒都洗净切碎，备用。
3. 将猪肉馅与做法2材料一起放入容器中，再加入所有调料搅拌均匀，摔至出筋后，等分揉成圆球状，外表沾裹长糯米备用。
4. 将做法3珍珠丸摆盘，放入微波炉里，以700瓦加热6分钟即可。

红烧狮子头

材料
猪肉馅600克、上海青5棵、胡萝卜碎末15克、荸荠碎末30克、芹菜碎末7克

调料
Ⓐ 盐5克、细砂糖5克、料酒15毫升、葱末15克、姜末5克、香油5毫升 Ⓑ 水80毫升、酱油50毫升、料酒5毫升、细砂糖5克 Ⓒ 油15毫升、水100毫升、盐适量 Ⓓ 水淀粉10毫升

做法
❶ 猪肉馅与调料A充分搅拌并摔打至出筋，做成等份肉丸子。取一微波容器，放入肉丸与调匀的调料B，覆盖保鲜膜，以800瓦加热7分钟后取出；肉汁待凉，加调料D勾芡备用。

❷ 上海青洗净对半切开，加入调料C，用800瓦加热4分30秒后，取出排盘，再将肉丸放在菜上。将做法1勾芡的肉汁，加热2分30秒后，淋入肉丸上即可。

蚝油香菇丸

材料
鲜香菇5朵、猪肉馅180克、蒜瓣2瓣、红辣椒1/3个、香菜1棵

调料
蚝油1大匙、香油1小匙、淀粉1小匙、鸡精少许、料酒1小匙

做法
❶ 鲜香菇去蒂，洗净后擦干水分备用。

❷ 蒜瓣、红辣椒、香菜都切成碎状，再与猪肉馅和所有调料一起搅拌均匀，摔至出筋备用。

❸ 将猪肉馅分别取适量镶入香菇里，将外表抹平呈光滑。

❹ 将香菇丸摆盘，放入微波炉里，以1000瓦加热2分30秒即可。

PART 3

鸡肉、牛肉，
红烧、清炖随意吃

　　红烧鸡翅、宫保鸡丁、黑椒牛柳、咖喱牛腩，多么的诱人，肉食爱好者岂能错过这样的美味？来吧，准备些食材和调料，洗洗切切，按下微波炉，十多分钟，美味出炉，香飘万里。

花瓜烧鸡腿

材料
鸡腿300克、花瓜120克、红辣椒片10克、蒜末10克、葱段15克

调料
色拉油2大匙、酱油2小匙、料酒1大匙、细砂糖1小匙、水2大匙、香油1小匙

做法
1. 鸡腿洗净剁小块。
2. 取一微波容器，放入所有材料和所有调料拌匀，然后盖上保鲜膜，两边各留缝隙排气。
3. 放入微波炉里，以1000瓦加热8分钟后取出，拌匀装盘即可。

西红柿烧鸡腿

材料
鸡腿400克、西红柿150克、洋葱片40克、蒜末20克

调料
番茄酱3大匙、细砂糖2小匙、料酒1大匙、水2大匙

做法
1. 鸡腿洗净剁小块；西红柿洗净切小块。
2. 取一微波容器，放入所有材料和所有调料拌匀，然后盖上保鲜膜，两边各留缝隙排气。
3. 放入微波炉里，以1000瓦加热10分钟后取出，拌匀装盘即可。

蚝油香葱鸡腿

材料

鸡腿500克、红葱头30克、洋葱80克、红甜椒30克

调料

蚝油2大匙、绍兴酒50毫升

做法

1. 鸡腿洗净剁小块；红葱头洗净切碎；洋葱及红甜椒洗净切丝。
2. 取一微波容器，放入所有材料和所有调料拌匀，盖上保鲜膜，两边各留缝隙排气。
3. 放入微波炉里，以1000瓦加热10分钟后取出，拌匀装盘即可。

杏鲍菇烧鸡腿

材料

鸡腿300克、杏鲍菇100克、干红辣椒片10克、蒜末10克、姜末15克、葱段15克

调料

酱油2大匙、料酒1大匙、细砂糖1小匙、水2大匙、香油1小匙

做法

1. 鸡腿洗净剁小块；杏鲍菇洗净切小块。
2. 取一微波容器，放入所有材料和所有调料拌匀，然后盖上保鲜膜，两边各留缝隙排气。
3. 放入微波炉里，以1000瓦加热8分钟后取出，拌匀装盘即可。

白酱炖鸡胸肉

材料

鸡胸肉1块、洋葱1/3个、蒜瓣2瓣、胡萝卜30克、蟹味菇1/3包、玉米笋20克

调料

鲜奶油120毫升、水2大匙、盐少许、黑胡椒粉少许、白酒1大匙

做法

1. 将鸡胸肉洗净，切成大片状备用。
2. 洋葱洗净切丝；胡萝卜洗净切片；蟹味菇去蒂洗净切小段备用。
3. 取一个容器，加入上述所有材料和所有调料，放入微波炉里，以1000瓦加热4分钟即可。

椰香烧鸡腿

材料

鸡腿2个、土豆1个、胡萝卜1/3根、姜1小段、蒜瓣2瓣、葱1根

调料

盐少许、黑胡椒粉少许、椰浆100毫升、奶油20克、水500毫升、香叶1片

做法

1. 鸡腿洗净，切成大块备用。
2. 土豆与胡萝卜去皮洗净，再切滚刀块；姜和蒜瓣洗净切片；葱洗净切段备用。
3. 取一微波容器，放入上述所有材料和所有调料。放入微波炉里，以1000瓦加热3分钟，取出翻面后，再加热3分钟即可。

栗子烧鸡腿

材料

去骨鸡腿1片、洋葱1/3个、蒜瓣2瓣、红辣椒1/3个、栗子15个、红甜椒1/3个

调料

酱油1大匙、细砂糖1小匙、鸡高汤300毫升、香油1小匙、料酒1小匙

做法

1. 将去骨鸡腿切成大块状，洗净备用。
2. 洋葱洗净切小块；蒜瓣与红辣椒洗净切片；红甜椒再切小片备用。
3. 取一微波容器，放入上述所有材料与栗子，再加入所有调料，放入微波炉里，以1000瓦加热5分钟即可。

菠萝辣酱鸡

材料

鸡腿400克、菠萝肉100克、姜末10克、红辣椒片10克

调料

色拉油3大匙、番茄酱1小匙、辣椒酱2大匙、料酒1大匙、水2小匙

做法

1. 鸡腿洗净剁小块；菠萝肉切小块。
2. 取一微波容器，放入所有材料和所有调料拌匀，盖上保鲜膜，两边各留缝隙排气。
3. 放入微波炉里，以1000瓦加热8分钟后取出，拌匀装盘即可。

泰式酸辣鸡

材料
去骨鸡腿2片、洋葱1/2个、蒜瓣3瓣、红辣椒1个、土豆1个、四季豆1个、葱1根

调料
泰式酸汤酱1大匙、水300毫升、香油少许

做法
1. 将去骨鸡腿排切成大块状，洗净备用。
2. 土豆去皮洗净切大块；洋葱、四季豆洗净切小丁；蒜瓣与红辣椒洗净切片；葱洗净切段备用。
3. 将所有调料一起搅拌均匀。
4. 取一微波容器，放入上述所有材料和调料搅拌均匀，放入微波炉里，以1000瓦加热8分钟即可。

照烧鸡腿

材料
去骨鸡腿2片、洋葱1/2瓣、葱1根、姜1小段

调料
酱油1大匙、料酒1大匙、味啉1大匙、黑胡椒粉少许

做法
1. 将去骨鸡腿洗净，滤干水分备用。
2. 洋葱洗净逆文切丝；姜洗净切片；葱洗净切小段备用。
3. 将所有调料先搅拌均匀。
4. 取一微波容器，放入做法1、做法2的材料，再淋上做法3的酱汁，放入微波炉里，以1000瓦加热5分钟后取出，将鸡腿排翻面，再加热5分钟即可。

咖喱烩鸡腿

材料
鸡腿2个、土豆1个、番薯100克、西蓝花1/3个、蒜瓣2瓣

调料
咖喱粉1大匙、料酒1大匙、奶油10克、鸡高汤500毫升、盐少许、黑胡椒粉少许

做法
① 鸡腿洗净，切成大块状备用。
② 土豆与番薯去皮洗净，切成滚刀块；西蓝花洗净切小朵；蒜瓣洗净切片备用。
③ 取一微波容器，加入上述所有材料与所有调料，放入微波炉里，以1000瓦加热5分钟即可。

红曲香菇翅小腿

材料
翅小腿6只、香菇3朵、蒜瓣2瓣、红辣椒1/3个

调料
客家红曲酱1大匙、香油1小匙、细砂糖1小匙、水1大匙、料酒1大匙

做法
① 把翅小腿洗净，擦干水分备用；香菇洗净对切；蒜瓣与红辣椒洗净切片备用。
② 将所有调料先搅拌均匀。
③ 取一微波容器，放入上述所有材料和所有调料一起拌匀。
④ 放入微波炉里，以1000瓦加热3分钟后取出，将翅小腿翻面，再微波3分钟即可。

酸辣鸡翅

材料
二节翅6只、红辣椒2个、蒜瓣2瓣、葱1根

调料
辣椒水1小匙、细砂糖少许、盐少许、黑胡椒粉少许

做法
1. 二节翅洗净，装入微波容器中，放入微波炉里，以1000瓦加热6分钟。
2. 红辣椒、葱、蒜瓣都洗净切碎备用。
3. 将微波好的二节翅趁热拌入做法2的材料与所有调料，搅拌均匀即可。

辣酱鸡球

材料
鸡腿200克、杏鲍菇100克、红甜椒60克、洋葱片30克、姜末10克、蒜末10克、葱段15克

调料
辣椒酱2大匙、酱油2小匙、料酒1大匙、细砂糖1小匙、水淀粉1小匙、香油1小匙

做法
1. 鸡腿及杏鲍菇洗净切小块；红甜椒洗净切片备用。
2. 取一微波容器，放入所有材料和所有调料拌匀，盖上保鲜膜，两边各留缝隙排气。
3. 放入微波炉里，以1000瓦加热8分钟后取出，拌匀装盘即可。

味噌鸡粒豆腐

材料
鸡胸肉1片、嫩豆腐1盒、蒜瓣3瓣、红辣椒1/2个、葱1根、香菇3朵

调料
味噌1大匙、细砂糖少许、香油1小匙、料酒1小匙、白胡椒粉少许

做法
1. 鸡胸肉洗净切小丁状；蒜瓣、红辣椒、葱、香菇都洗净切成碎状，备用。
2. 嫩豆腐切成小丁状备用。
3. 取一微波容器，加入所有调料搅拌均匀，再加入上述所有材料一起搅拌均匀，放入微波炉里，以1000瓦加热5分30秒即可。

腰果鸡丁

材料
去骨鸡腿2个、腰果40克

调料
A 淀粉5克、酱油15毫升、水60毫升、盐适量、细砂糖适量、白胡椒粉3克、料酒10毫升
B 红辣椒片少许、花椒粒适量

腌料
酱油20毫升、细砂糖10克、陈醋5毫升、香油3毫升

做法
1. 将去骨鸡腿洗净切成丁状，用腌料腌10分钟备用。
2. 色拉油（材料外）以强微波加热1分钟后，放入腰果和调料A拌匀，用强微波加热3分钟。
3. 再加入鸡丁及调料B搅拌均匀，用强微波加热7分钟即可。（可用生菜叶和西红柿片装饰）

冬菜炒鸡柳

材料

鸡柳150克、茭白笋1根、胡萝卜30克、蒜瓣3瓣、冬菜1大匙

调料

料酒1小匙、酱油1小匙、细砂糖1小匙、香油1小匙

做法

1. 将鸡柳洗净，切成小块备用。
2. 茭白笋去皮洗净切小块；胡萝卜洗净切小块；蒜瓣洗净切片；冬菜洗净备用。
3. 将上述所有材料和所有调料放入微波容器中，再放入微波炉里，以1000瓦加热3分钟即可。

泰味炒鸡柳

材料

鸡腿150克、洋葱50克、红甜椒30克、青甜椒30克、西红柿50克、蒜末20克、罗勒叶5克

调料

色拉油2大匙、泰式甜鸡酱3大匙、料酒2大匙、香油1小匙

做法

1. 鸡腿洗净切条；洋葱及红甜椒、青甜椒洗净切丝；西红柿洗净切片。
2. 取一微波容器，放入所有材料和所有调料拌匀，然后盖上保鲜膜，两边各留缝隙排气。
3. 放入微波炉里，以1000瓦加热6分钟后取出，拌匀装盘即可。

红咖喱鸡

材料

鸡腿200克、红甜椒30克、黄甜椒30克、青甜椒30克、蒜末20克、鲜香菇片30克

调料

色拉油2大匙、红咖喱酱1大匙、椰浆4大匙、盐1/6小匙、细砂糖1小匙

做法

① 鸡腿洗净切小块；红甜椒、黄甜椒及青甜椒洗净切小片备用。

② 取一微波碗，放入所有材料和所有调料搅拌拌匀，盖上保鲜膜，两边各留缝隙排气。

③ 放入微波炉里，以800瓦加热9分钟后取出，拌匀后装盘即可。

酱爆鸡丁

材料

鸡腿200克、葱2根、蒜瓣20克、青甜椒80克

调料

豆瓣酱1大匙、细砂糖1小匙、料酒1小匙、淀粉1/2小匙、香油1小匙

做法

① 鸡腿洗净切丁，葱洗净切小段，青甜椒洗净切小块，蒜瓣洗净切片，备用。

② 将做法1的所有材料及所有调料拌匀后装盘，放入微波炉里。检查水箱水位。

③ 将微波炉按"蒸气微波"键1次，时间设定6分钟，按下"开始"，待烹调完毕后取出拌匀即可。

宫保鸡丁

材料

鸡腿200克、青甜椒60克、红辣椒片10克、姜片10克、蒜片10克、葱段15克

调料

色拉油2大匙、辣豆瓣酱1大匙、甜面酱2小匙、料酒1大匙、细砂糖1小匙、水2大匙、水淀粉1小匙、香油1小匙

做法

1. 鸡腿肉洗净切小块；青甜椒切片备用。
2. 取一微波容器，放入所有材料和所有调料拌匀，然后盖上保鲜膜，两边各留缝隙排气。
3. 放入微波炉里，以1000瓦加热8分钟后取出，拌匀装盘即可。

椒麻鸡柳条

材料

鸡肉150克

调料

花椒粉5克、酱油1小匙、镇江醋1小匙、细砂糖1/2小匙、料酒1大匙、辣椒末5克、蒜末2克、姜末3克、辣油少许、香油少许

腌料

盐少许、淀粉10克、香油5毫升、料酒1小匙

做法

1. 鸡肉洗净切成柳条状，加入腌料抓匀，静置10分钟；将所有调料混合均匀即为椒麻汁。
2. 将鸡柳条放入微波炉中，检查水箱水位，按"微波"键选择"蒸气微波"功能，时间设定8分钟，按下"开始"即可。
3. 取出鸡柳条装盘，食用时淋上混合均匀的椒麻汁即可。

酱爆鸡

材料
鸡肉200克、青甜椒40克、绿竹笋40克、干红辣椒3克、蒜末5克、姜末5克、葱段20克、花生米2大匙

调料
Ⓐ 酱油、淀粉、料酒、蛋清1大匙
Ⓑ 色拉油2大匙，辣椒酱、酱油、白醋、水淀粉、香油各1大匙，细砂糖2小匙

做法
① 用刀在洗净的鸡肉表面交叉剁约0.5厘米深的刀痕后，切小块，加入调料A抓匀腌渍5分钟。青甜椒及绿竹笋洗净切丁备用。
② 取一微波容器，放入所有材料和所有调料拌匀，然后盖上保鲜膜，两边各留缝隙排气。
③ 放入微波炉里，以1000瓦加热6分钟后取出，拌匀装盘即可。

三杯鸡

材料
土鸡腿肉300克、姜片50克、红辣椒2个、罗勒20克

调料
酱油2大匙、香油2大匙、细砂糖1小匙、料酒2大匙、淀粉1/2小匙

做法
① 鸡腿洗净剁成小块。姜洗净切片、红辣椒洗净切半、罗勒挑去粗茎洗净，备用。
② 取一微波碗，放入姜片及红辣椒，加入香油拌匀后，放入微波炉内加热2分钟爆香。
③ 取出后，放入鸡腿肉块、所有调料及罗勒叶拌匀，盖上保鲜膜，两边各留缝隙排气。
④ 放入微波炉里，以800瓦加热7分钟后取出，拌匀装盘即可。

辣子鸡丁

材料
鸡腿200克、青甜椒60克、竹笋50克、姜末10克、蒜末10克、葱2根、蒜味花生40克

调料
Ⓐ 淀粉1小匙、料酒2小匙
Ⓑ 色拉油、辣椒酱各2大匙，酱油、料酒、白醋、细砂糖、水各1小匙，淀粉1/2小匙

做法
① 鸡腿洗净切丁后用调料A抓匀，腌渍约2分钟。青甜椒及竹笋洗净切丁；葱洗净切小段。

② 取一微波容器，放入所有材料与其余调料拌匀，然后盖上保鲜膜，两边各留缝隙排气。

③ 放入微波炉内，以800瓦加热9分钟后取出，加入蒜味花生拌匀后装盘即可。

干锅鸡

材料
鸡腿500克、蒜片20克、姜片10克、花椒3克、干红辣椒10克、芹菜80克、蒜苗50克

调料
色拉油2大匙、蚝油1大匙、辣豆瓣酱1大匙、细砂糖1大匙、绍兴酒50毫升

做法
① 鸡腿洗净剁小块；芹菜切小段、蒜苗切片。

② 取一微波容器，放入所有材料和所有调料拌匀，盖上保鲜膜，两边各留缝隙排气。

③ 放入微波炉里，以1000瓦加热10分钟后取出，拌匀装盘即可。

花雕鸡

材料

鸡腿	800克
葱段	30克
姜片	20克
蒜片	20克
蒜苗	40克
花椒	3克
芹菜	80克

调料

酱油	1大匙
蚝油	1大匙
淀粉	1大匙
香油	1大匙
辣豆瓣酱	2大匙
细砂糖	1/2小匙
花雕酒	80毫升

做法

① 鸡腿洗净剁小块；芹菜洗净切小段；蒜苗洗净切片，备用。

② 将鸡腿块放入微波碗中，加入酱油拌匀后盖上保鲜膜，两边各留缝隙排气，再放入微波炉内，以800瓦加热5分钟后取出，撕去保鲜膜，沥干水分备用。

③ 另取一微波碗，放入姜片、蒜片、花椒及辣豆瓣酱，加入1大匙色拉油（材料外）拌匀后，放入微波炉内加热2分钟爆香。

④ 取出微波碗，放入鸡腿块、芹菜段、蒜苗片，加入蚝油、细砂糖、花雕酒、淀粉及香油拌匀，再盖上保鲜膜，两边各留缝隙排气。

⑤ 将碗放入微波炉内，以800瓦加热5分钟后取出，撕去保鲜膜拌匀后装盘即可。

葱油淋鸡

材料
鸡1/2只、色拉油60毫升、葱4根、嫩姜2小块、高汤100毫升

调料
盐适量、酱油15毫升、香油15毫升

做法
1. 葱、姜洗净后切丝备用。
2. 将鸡洗净切块，与调料一起装入微波容器中，用800瓦加热6分钟，再将鸡块取出排于瓷盘中备用。
3. 另取一微波容器倒入色拉油，用800瓦加热3分钟，再加入葱丝、姜丝、高汤，用800瓦加热3分钟后，淋在鸡块上即可。

腊肠香菇鸡

材料
土鸡腿1只、腊肠1根、姜末5克、红辣椒1个、葱段30克、干香菇60克

调料
盐1/4小匙、细砂糖1/4小匙、淀粉1/2小匙、料酒1大匙、香油1小匙

做法
1. 鸡腿洗净剁小块备用。腊肠洗净切小块；干香菇泡发洗净切小块；红辣椒洗净切片备用。
2. 将鸡肉块及腊肠、香菇、辣椒片、姜末、葱段和所有调料一起拌匀后，放入盘中。
3. 盖上保鲜膜，放入微波炉里，以1000瓦加热7分钟后取出，撕去保鲜膜即可。

剥皮辣椒鸡

材料
去骨鸡腿2片、剥皮辣椒10个（连汤汁）、葱1根、红甜椒1/3个、洋葱1/3个、四季豆少许、蒜瓣3瓣

调料
酱油1小匙、料酒1大匙、盐少许、白胡椒粉少许、香油1小匙

做法
① 去骨鸡腿切成小块，洗净备用。
② 洋葱洗净切丝；红甜椒洗净切菱形片；葱洗净切段；蒜瓣洗净切片；剥皮辣椒、四季豆洗净切小段，备用。
③ 取一微波容器，放入上述所有材料和所有调料一起搅拌均匀。
④ 放入微波炉里，以1000瓦加热约4分钟即可。

土豆烧牛肉

材料
牛肉400克、土豆200克、胡萝卜50克、姜片20克、红辣椒2个

调料
酱油4大匙、料酒2大匙、细砂糖1大匙、水200毫升

做法
① 土豆及胡萝卜去皮洗净后切小块；牛肉洗净切小块；红辣椒洗净切小段。
② 取一微波容器，放入所有材料和所有调料拌匀，然后盖上保鲜膜，两边各留缝隙排气。
③ 放入微波炉里，以1000瓦加热14分钟后取出，拌匀装盘即可。

甜菜根炖牛肉

🗂 材料

牛肋条300克、甜菜根100克、土豆40克、西红柿80克、芹菜40克、洋葱片40克、蒜末15克

🗂 调料

盐1/2小匙、细砂糖1小匙、水150毫升

🗂 做法

① 牛肋条洗净切小块；土豆、甜菜根洗净去皮，与洗净的西红柿都切丁；芹菜洗净切丁备用。

② 取一微波容器，放入所有材料和所有调料拌匀，盖上保鲜膜，两边各留缝隙排气。

③ 放入微波炉里，以1000瓦加热15分钟后取出，拌匀装盘即可。

咖喱牛肉

🗂 材料

牛胸肉300克、土豆50克、胡萝卜50克、洋葱片40克、蒜末15克

🗂 调料

咖喱粉2大匙、盐1/2小匙、细砂糖1小匙、水150毫升、水淀粉1大匙

🗂 做法

① 牛胸肉洗净切小块；土豆去皮洗净，与洗净的胡萝卜都切小块备用。

② 取一微波容器，放入所有材料和所有调料拌匀，然后盖上保鲜膜，两边各留缝隙排气。

③ 放入微波炉里，以1000瓦加热14分钟后取出，拌匀装盘即可。

洋葱牛肉丝

材料
洋葱250克、牛肉丝200克、蒜末20克

调料
A 淀粉1小匙、酱油1大匙、料酒1大匙、蛋清1大匙
B 盐1小匙、细砂糖1/2小匙、粗粒黑胡椒粉1小匙、色拉油3大匙

做法
1 牛肉丝加入调料A抓匀，静置腌渍5分钟；洋葱洗净切丝，备用。
2 取牛肉丝和蒜末放入微波玻璃碗中，加入色拉油拌开，盖上保鲜膜（两边各留缝隙排气），放入微波炉内加热2分钟，取出将牛肉丝拌开。
3 于玻璃碗中加入洋葱丝、盐、细砂糖以及粗粒黑胡椒粉拌匀，盖上保鲜膜（两边各留缝隙排气），放入微波炉内加热3分钟，取出拌匀盛盘即可。

牛蒡牛肉丝

材料
牛蒡150克、牛肉丝100克、胡萝卜40克、姜丝20克

调料
水淀粉1小匙、酱油2大匙、料酒1大匙、细砂糖2小匙、香油1大匙

做法
1 牛蒡及胡萝卜洗净切丝；牛肉丝加入水淀粉抓匀备用。
2 取一微波容器，放入所有材料和所有调料拌匀，然后盖上保鲜膜，两边各留缝隙排气。
3 放入微波炉里，以1000瓦加热4分钟后取出，拌匀装盘即可。

辣椒炒牛肉丝

材料
牛肉丝120克、红辣椒丝40克、青辣椒丝40克、姜丝20克

调料
酱油1大匙、细砂糖1/2小匙、料酒2大匙、水淀粉1小匙、香油1小匙

做法
① 取一微波容器，放入所有材料和所有调料拌匀，盖上保鲜膜，两边各留缝隙排气。
② 放入微波炉内，1000瓦加热4分钟后取出，拌匀装盘即可。

韭黄牛肉丝

材料
韭黄100克、牛肉丝100克、笋丝40克、姜丝5克、葱丝10克、红辣椒丝5克

调料
A 酱油1小匙、淀粉1/2小匙
B 色拉油、酱油各2大匙，水淀粉、香油各1小匙，细砂糖1/2小匙

做法
① 牛肉丝用调料A拌匀；韭黄洗净切小段备用。
② 取一微波容器，放入所有材料和所有调料拌匀，然后盖上保鲜膜，两边各留缝隙排气。
③ 放入微波炉里，以1000瓦加热4分钟后取出，拌匀装盘即可。

黑胡椒牛排

材料

牛排	2块
色拉油	30毫升
水淀粉	10毫升

调料

番茄酱	15克
辣酱油	15克
糖	10克
蒜末	10克
洋葱丝	100克

腌料

水	30毫升
酱油	30毫升
色拉油	15毫升
黑胡椒粉	15克
香叶	1片
洋葱丝	50克

做法

① 牛排洗净以腌料腌10分钟备用。

② 色拉油以800瓦加热1分钟，放入腌好的牛排后以800瓦加热2分钟，翻面再加热2分钟。

③ 将调料拌匀，用强微波加热3分钟，再加入水淀粉勾芡，以800瓦加热2分钟后，淋在牛排上即可。

蚝油牛肉

材料

牛肉	180克
鲜香菇	50克
葱	1根
姜	8克
红辣椒	1个

调料

A

嫩肉粉	1/4小匙
淀粉	1/2小匙
酱油	1小匙
蛋清	2小匙

B

蚝油	1小匙
酱油	1小匙
料酒	1小匙
香油	1小匙
淀粉	1/2小匙

做法

1. 所有材料洗净，鲜香菇切片、葱切段、姜及红辣椒切片。牛肉切片用调料A抓匀腌渍约20分钟。

2. 取两只碗，一只放入牛肉片；另一只放入姜、葱、红辣椒，各倒入1大匙色拉油（材料外）拌匀，先后放入微波炉中以800瓦各加热2分钟取出。

3. 并入一碗，加入鲜香菇和调料B拌匀，放入微波炉中加热4分钟，取出即可。

宫保牛肉

材料
牛肉	150克
蒜香花生仁	50克
蒜末	10克
姜	5克
葱	10克

调料

A
嫩肉粉	1/4小匙
淀粉	1/2小匙
酱油	1小匙
蛋清	2小匙

B
白醋	1小匙
酱油	1小匙
细砂糖	1小匙
料酒	1小匙
香油	1小匙
淀粉	1/2小匙

做法

① 牛肉洗净切片，与调料A拌匀腌渍约5分钟备用；姜洗净切丝、葱洗净切段。

② 将牛肉片放入微波碗中，加入1小匙色拉油（材料外）拌开，盖上保鲜膜，两边各留缝隙排气，放入微波炉内以800瓦加热2分钟后取出，沥干水分备用。

③ 另取一微波碗，放入蒜末、姜丝、葱段，加入1大匙色拉油（材料外）拌匀，以800瓦加热2分钟爆香后取出，放入牛肉片，加入白醋、酱油、细砂糖、料酒、淀粉拌匀，再盖上保鲜膜，两边各留缝隙排气。

④ 放入微波炉内，以800瓦加热4分钟后取出，加入蒜香花生仁及香油拌匀后装盘即可。

黑椒牛柳

材料
牛肉200克、洋葱1/2个、蒜末20克、红甜椒40克

调料
Ⓐ 嫩肉粉1/4小匙、淀粉1/2小匙、酱油1小匙、蛋清2小匙
Ⓑ 粗黑胡椒粉、水、蚝油、细砂糖、淀粉、香油各1小匙，番茄酱、A1酱各2小匙

做法
① 牛肉洗净切成小指粗的条状，与调料A拌匀腌渍约5分钟；洋葱洗净切丝。
② 将牛肉条和1小匙色拉油（材料外）放入碗中拌匀，盖上保鲜膜，放入微波炉内以800瓦加热2分钟，取出沥干。
③ 另取一碗，放入蒜末、洋葱及黑胡椒，再加入1大匙色拉油（材料外）拌匀，以800瓦加热3分钟后取出，放入牛肉和调料B拌匀，放入微波炉内，再加热3分钟，取出拌匀即可。

沙茶牛肉

材料
牛肉150克、上海青段300克、蒜末20克、红辣椒1个

调料
Ⓐ 嫩肉粉1/4小匙、淀粉1/2小匙、酱油1小匙、蛋清2小匙
Ⓑ 沙茶酱2大匙、细砂糖1/2小匙，酱油、料酒、淀粉、香油各1小匙

做法
① 牛肉洗净切片，与调料A拌匀腌渍约5分钟备用；红辣椒洗净切片。
② 取一微波碗，放入蒜末及红辣椒，加入1小匙色拉油（材料外）拌匀后，放入微波炉内加热2分钟。
③ 取出碗，放入牛肉片和上海青段，加入调料B拌匀，盖上保鲜膜，放入微波炉内，以800瓦加热6分钟后取出，拌匀后装盘即可。

香根牛肉丝

材料
牛肉120克、香菜梗40克、葱1根、姜10克、红辣椒1个

调料
Ⓐ 淀粉1/2小匙、酱油1小匙、蛋清1小匙
Ⓑ 酱油2大匙、料酒1小匙、淀粉1/2小匙、香油1小匙

做法
① 牛肉洗净切片，与调料A拌匀腌渍约5分钟备用；红辣椒洗净切丝；葱、姜洗净切丝。
② 取一微波碗，放入葱丝、姜丝及红辣椒丝，加入1小匙色拉油（材料外）拌匀后，放入微波炉内加热2分钟爆香。
③ 取出碗，放入牛肉片及香菜梗，加入调料B拌匀，盖上保鲜膜，两边各留缝隙排气。放入微波炉内，以800瓦加热6分钟后取出，拌匀后装盘即可。

橙汁牛小排

材料
牛小排200克、橙子2个、红辣椒丝5克、西蓝花4朵

调料
Ⓐ 料酒1小匙、酱油1大匙、淀粉2小匙
Ⓑ 色拉油2大匙、白醋1大匙、细砂糖1大匙、盐1/8小匙、水淀粉1小匙、香油1大匙

做法
① 牛小排洗净沥干，切小块后用调料A拌匀。
② 橙子一个榨汁备用，另一个削去果皮，去掉白膜，切小块备用。
③ 取一微波容器，放入所有材料和所有调料B拌匀，然后盖上保鲜膜，两边各留缝隙排气。
④ 放入微波炉里，以1000瓦加热4分钟后取出，拌匀装盘即可。

骰子牛肉

材料
牛肉250克、红甜椒1/3个、黄甜椒1/3个、四季豆10个

调料
盐少许、黑胡椒粉少许、水1大匙、奶油10克、西式综合香料少许

做法
1. 将牛肉洗净切成约2厘米正方体，吸干水分备用。
2. 红甜椒与黄甜椒也洗净切成约2厘米正方体；四季豆洗净切小段备用。
3. 将上述所有材料放入盘中，再加入所有调料，放入微波炉里，以1000瓦加热7分钟即可。

寿喜烧

材料
牛肉片150克、洋葱1/3个、姜1小段、葱2根、胡萝卜50克、蒜瓣2瓣

调料
味啉、清酒、酱油各2大匙

做法
1. 将洋葱洗净切丝；姜洗净切片；葱洗净切段；蒜瓣洗净切片备用。
2. 取一微波容器，加入做法1材料和所有调料，搅拌均匀，再加入牛肉片。
3. 放入微波炉里，以1000瓦加热3分钟即可。

PART 4

清蒸、糖醋，
花样做鱼吃不腻

　　鱼肉鲜嫩，蛋白质含量高，肉质绵软好消化，是老少皆宜的健康食品。鱼的做法也多种多样，清蒸、红烧、糖醋，各有滋味，不要以为做鱼很艰难，准备好食材，用微波炉也可以几分钟就搞定。

醋熘鱼片

材料

鲷鱼	1片（约200克）
竹笋	1/2根（切片）
西红柿	1/2个（切块）
蒜瓣	2瓣（切片）
香菜	2棵（切末）
葱	1根（切段）
红辣椒	1个（切片）

调料

番茄酱	2大匙
白醋	1大匙

做法

① 将鲷鱼洗净切片，用餐巾纸吸干水分放入可微波的盘中备用。

② 取容器将所有调料混合搅拌均匀，加入其余的材料混合拌匀，淋在鲷鱼片上，再放入微波炉中，将微波时间设定为4分钟即可。

红烧鱼

材料
鱼1条（约160克）、葱2根、姜15克、红辣椒1个

调料
酱油、料酒、香油各1小匙，细砂糖1/2小匙，水2大匙，淀粉1/6小匙

做法
1. 鱼洗净后在鱼身两侧各划2刀，划深至骨头处但不切断，置于盘上备用。
2. 将葱洗净切小段；红辣椒、姜洗净切丝铺至鱼上，再将所有调料调匀后，淋至鲜鱼上。
3. 用保鲜膜封好后，放入微波炉内以800瓦加热4分钟后取出，撕去保鲜膜即可食用。

冬瓜酱蒸鱼

材料
鱼1条(约300克)、姜末5克、红辣椒末5克、葱花5克

调料
咸冬瓜100克、蚝油1大匙、水1大匙、细砂糖2小匙、料酒2大匙

做法
1. 鱼洗净后摆放盘上。
2. 咸冬瓜切碎，与姜末、红辣椒末和所有调料一起拌匀。
3. 将做法2拌好的调料均匀淋在鱼身上，盖上保鲜膜，放入微波炉里，以1000瓦加热6分钟后取出，撒上葱花即可。

辣酱菠萝鱼

材料
虱目鱼1条（约200克）、菠萝50克、姜末10克、蒜末10克、葱丝5克

调料
辣椒酱2大匙、水1大匙、料酒1大匙、细砂糖2小匙、柠檬汁1小匙、香油1小匙

做法
1. 鱼洗净后摆放盘上。
2. 菠萝切小块，与姜末、蒜末和所有调料一起拌匀。
3. 将拌好的调料均匀淋在鱼身上，盖上保鲜膜，放入微波炉里，以1000瓦加热6分钟后取出，撒上葱丝即可。

塔香鱼

材料
草鱼肉1片（约150克）、罗勒叶10克 、蒜头酥20克、红辣椒末5克

调料
陈醋1大匙、水1大匙、细砂糖1小匙

做法
1. 草鱼肉片洗净后在鱼身划2刀，置于盘上备用。
2. 将罗勒叶切碎，加入色拉油（材料外）、蒜头酥、罗勒碎末、红辣椒末及所有调料，拌匀后淋至鱼上。
3. 用保鲜膜封好后，放入微波炉中以800瓦加热4分钟后取出，撕去保鲜膜即可食用。

香醋鱼

材料
鲫鱼1条（约150克）、葱2根、香菜叶适量

调料
香醋3大匙、料酒1小匙、细砂糖2大匙、水 2大匙、淀粉1/2小匙、香油 1/2小匙

做法
1. 鲫鱼洗净后，在鱼身两侧各划2刀，划深至骨头处但不切断；将葱洗净切丝，备用。
2. 所有调料调匀，淋至鲫鱼上。
3. 用保鲜膜封好。
4. 放入微波炉中以800瓦加热4分钟后取出，撕去保鲜膜，放上葱丝、香菜叶即可食用。

黑椒蒜香鱼

材料
草鱼肉1片（约120克）、蒜头酥25克

调料
陈醋、番茄酱、水、料酒各1小匙，黑胡椒、细砂糖各1/2小匙

做法
1. 草鱼肉片洗净后，置于盘上备用。
2. 将色拉油（材料外）、蒜头酥、黑胡椒及其余调料调匀后淋至鲷鱼肉片上。
3. 用保鲜膜封好后，放入微波炉中以800瓦加热4分钟后取出，撕去保鲜膜即可食用。

肉酱蒸鳕鱼

材料
鳕鱼1片（约200克）、罐装肉酱170克、葱1根（切段）、姜末5克、红辣椒1/2个（切末）、蒜3瓣（切末）

调料
料酒2大匙、香油1小匙

做法
1 将鳕鱼洗净，用餐巾纸吸干水分，放入可微波盘中备用。
2 取容器，将罐装肉酱、姜末、红辣椒末、蒜末和所有的调料混合拌匀，铺在鳕鱼上，再放入微波炉中，以600瓦加热4分钟，取出后再放上葱段即可。

茄汁蒸鳕鱼

材料
鳕鱼1片（约200克）、大西红柿1个、蒜3瓣（切末）、葱1根（切末）、香菜2棵（切末）、洋葱1/4个（切丝）

调料
黑胡椒粒少许、盐少许、番茄酱2大匙、香油1小匙、料酒1大匙

做法
1 将鳕鱼洗净，用餐巾纸吸干水分，放入可微波盘中备用。
2 大西红柿洗净切碎，和剩余的材料、所有的调料混合拌匀，铺在鳕鱼上。
3 放入微波炉中，以600瓦加热4分钟即可。

奶油蒸三文鱼

材料
三文鱼1片、洋葱1/3个、蒜瓣3瓣、葱1根、蟹味菇1/3包

调料
奶油20克、盐少许、黑胡椒粉少许、料酒1大匙

做法
1. 三文鱼洗净，将鱼鳞去除干净，备用。
2. 洋葱洗净切丝；蒜瓣洗净切片；葱洗净切段；蟹味菇洗净去蒂切段，备用。
3. 取一圆盘，放入上述所有材料与所有调料，一起搅拌均匀。
4. 放入微波炉里，以1000瓦加热6分钟即可。

佃煮香鱼

材料
香鱼2条、姜1小段、葱2根、洋葱1/3个

调料
味啉2大匙、清酒2大匙、酱油1大匙、细砂糖少许

做法
1. 将香鱼洗净备用。
2. 洋葱洗净逆纹切丝；葱洗净切小段；姜洗净切片备用。
3. 将所有调料搅拌均匀，作为酱料备用。
4. 取一微波容器，依序加入上述所有材料和酱料，放入微波炉里，以1000瓦加热4分钟即可。

糖醋鱼

材料
鱼1条

调料
A 高汤200毫升、料酒15毫升、蒜碎末15克、葱1根、姜3片、青甜椒适量、洋葱适量
B 酱油30毫升、细砂糖35克、陈醋35毫升、盐5克、香油5毫升、水淀粉（水：粉＝2：1）15毫升

做法
1. 鱼洗净，从腹部对半切开，侧面划三刀备用。
2. 葱、姜、青甜椒、洋葱洗净后都切丝备用。
3. 取一微波容器，加入色拉油（材料外）及调料A，用800瓦加热5分钟后，放入鱼两面各加热5分钟，将鱼取出盛盘备用。
4. 调料B调匀，以800瓦加热2分30秒，取出淋在鱼上，撒上葱丝、姜丝，再以800瓦加热3分钟即可。

破布子鱼头

材料
鲢鱼头 1/2个、姜末 10克、葱花 15克

调料
破布子酱（连汤汁）5大匙、细砂糖1/4小匙、料酒1小匙、香油 1/4小匙

做法
1. 鲢鱼头洗净后，置于汤盘上。
2. 将姜末、葱花及所有调料调匀后，淋至鲢鱼头上。
3. 用保鲜膜封好后，放入微波炉中加热4分钟后取出，撕去保鲜膜即可食用。

XO酱炒鱼片

材料
鲷鱼肉200克、红甜椒50克、黄甜椒50克、葱2根、姜末20克、蒜末10克

调料
Ⓐ 淀粉1小匙、盐1/6小匙、料酒1/2小匙
Ⓑ 蚝油、料酒各1小匙，XO酱2大匙

做法
❶ 鲷鱼肉洗净切厚片，用调料A抓匀腌渍2分钟；红甜椒、黄甜椒洗净切片；葱洗净切段。
❷ 取一微波碗，放入葱段、姜末、蒜末，加入1大匙色拉油（材料外）拌匀后，放入微波炉内加热2分钟爆香。
❸ 取出碗，放入鲷鱼肉及红甜椒片、黄甜椒片，加入所有调料B拌匀，再盖上保鲜膜，两边各留缝隙排气。
❹ 放入微波炉内，以800瓦加热4分钟后取出，拌匀后装盘即可。

蒜泥鱼片

材料
草鱼肉150克、葱花15克、蒜泥15克、红辣椒末5克

调料
Ⓐ 料酒、水各1大匙
Ⓑ 酱油2大匙，细砂糖、开水、香油各1小匙

做法
❶ 将草鱼肉洗净，切成厚约1厘米的鱼片，排放至盘中备用。
❷ 料酒及水混合后，淋至鱼片上，用保鲜膜封好后，放入微波炉中以800瓦加热3分钟后取出，撕去保鲜膜。
❸ 调料B混合调匀，加入葱花、蒜泥及红辣椒末拌匀后，淋至鱼片上即可。

蒜香鱼片

材料
鲷鱼2片、姜1小段、葱1根、蒜瓣3瓣、红辣椒
1/3个

调料
盐、白胡椒粉、香油少许，料酒1大匙

做法
1. 将鲷鱼片洗净，切成大块状，放入盘中备用。
2. 姜、葱、蒜瓣、红辣椒都洗净，切碎备用。
3. 将做法2所有材料与所有调料搅拌均匀，淋在做法1的鱼片上。
4. 放入微波炉里，以1000瓦加热2分钟即可。

豆瓣鱼片

材料
草鱼肉200克、蒜末10克、葱花15克

调料
辣豆瓣2大匙、细砂糖1/2小匙，甜酒酿、水、香
油各1小匙，淀粉1/6小匙

做法
1. 草鱼肉洗净，在鱼身划2刀，置于盘上备用。
2. 将蒜末及所有调料调匀后，淋至草鱼片上，再撒上葱花。
3. 用保鲜膜封好后，放入微波炉内以800瓦加热4分钟后取出，撕去保鲜膜即可食用。

椒香鱼片

材料
鲷鱼肉120克、青甜椒60克、红辣椒1个、姜15克

调料
盐、鸡精、淀粉各1/6小匙，细砂糖1/8小匙，料酒、水各1大匙

做法
1. 将鲷鱼肉洗净切成厚约1厘米的鱼片；青甜椒洗净切小块；红辣椒与姜洗净切小片，备用。
2. 将所有调料与做法1的材料一起拌匀后，排放至盘中。
3. 用保鲜膜封好后，放入微波炉中以800瓦加热3分钟后取出，撕去保鲜膜即可食用。

甜辣鱼片

材料
鲷鱼肉150克、葱花15克

调料
Ⓐ 料酒1小匙、 水1大匙
Ⓑ 泰式甜辣酱3大匙、 开水1大匙

做法
1. 将鲷鱼肉洗净，切成厚约1厘米的鱼片，排放至盘中。
2. 料酒及水混合后，淋至鱼片上。
3. 用保鲜膜封好后，放入微波炉里以800瓦加热3分钟后取出，撕去保鲜膜。
4. 将泰式甜辣酱与开水混合调匀后，淋至鱼片上，再撒上葱花即可。

甜椒鱼片

材料

鲷鱼肉200克、红甜椒30克、青甜椒30克、洋葱20克、蒜瓣15克

调料

盐1/6小匙、鸡精1/6小匙、细砂糖1/8小匙、黑胡椒粉1/4小匙、料酒1小匙

做法

① 将鲷鱼肉洗净切成厚约1厘米的鱼片，青甜椒、红甜椒及洋葱洗净切小块，蒜瓣洗净切片，备用。

② 将所有调料与材料一起拌匀后，排放至盘上，放入微波炉中以800瓦加热4分钟即可。

洋葱鱼条

材料

鲷鱼肉1片（约200克）、洋葱1/2个（切丝）、蒜2瓣（切片）、红辣椒1/2个（切丝）、葱1根（切段）

调料

黑胡椒酱 3大匙、料酒2大匙

做法

① 将鲷鱼洗净切片，用餐巾纸吸干水分，放入可微波的盘中备用。

② 取容器将所有调料混合搅拌均匀，加入剩余的材料混合拌匀，淋在鲷鱼片上，再放入微波炉中，以800瓦加热3分钟即可。

银鱼蒸蛋

📋 **材料**
银鱼50克、鸡蛋3个、葱1根

🧂 **调料**
料酒少许、水120毫升、盐少许

🍳 **做法**
① 将鸡蛋敲入碗里打散，再过筛备用。
② 银鱼洗净沥干；葱洗净切葱花备用。
③ 取一微波碗，依序加入所有调料和蛋液，搅拌均匀后再加入银鱼。
④ 放入微波炉里，以150瓦先加热6分钟，取出转方向，再加热6分钟后取出，撒上葱花装饰即可。

美味关键 为了保证菜品质量，可先微波3分钟就取出转方向，再微波3分钟后转方向，最后再微波3分钟即可。

锅贴鱼片

📋 **材料**
鲷鱼150克、火腿丝少许、黑芝麻少许、葱花少许、吐司4片、全蛋1个、面粉30克

🧂 **调料**
姜10克、葱1根、盐5克、料酒30毫升

🍳 **做法**
① 将鲷鱼洗净切成薄片，加入腌料抓匀，静置10分钟备用。
② 吐司去边，对半切开后放至烤架上备用。
③ 将全蛋和面粉混合打匀成面糊备用。
④ 在吐司上涂上少许面糊，放上擦干的鲷鱼片，再撒上火腿丝、黑芝麻和葱花。
⑤ 按"烘烤烧烤"键2次，温度设定250℃，预热完成后，将鱼片吐司放入微波炉中，时间设定7分钟，按下"开始"即可。

泡菜蒸鱼

材料
鱼2尾（约400克）、韩式泡菜120克、姜末5克、蒜末10克

调料
蚝油、酱油、料酒 、香油1大匙，细砂糖1/2小匙

做法
1. 鱼杀好洗净后，在鱼身两侧各划1刀，划深至骨头处但不切断，置于盘上备用。
2. 泡菜切碎，连汤汁与姜末、蒜末及所有调料一起拌匀后，淋至鱼上，放入微波炉中。检查水箱水位。
3. 微波炉按"蒸气微波"键1次，时间设定5分钟，按下" 开始"即可。

味噌鱼

材料
鱼肉2片（约200克）

调料
姜泥、料酒、酱油、细砂糖各1大匙，甘草粉1/2小匙，细味噌50克

做法
1. 取一容器，加入所有调料一起拌匀成味噌酱。
2. 鱼肉片洗净后用纸巾擦干。
3. 将鱼身均匀涂抹上做法1的味噌酱，置冷藏柜腌渍最少1天。
4. 将味噌鱼取出，抹掉表面多余的味噌后，平铺于盘上，放入微波炉中。
5. 微波炉按"薄块烧烤"键选择双面功能，时间设定12分钟，将味噌鱼放入微波炉中，重量设定为200克后，按下"开始"即可。

剁椒鱼头

材料
草鱼头   1个
蒜末   20克
葱花   20克
剁辣椒   3大匙

调料
细砂糖   1/4 小匙
绍兴酒   1小匙

做法
1. 鱼头洗净后对剖，放置盘中，将剁辣椒、蒜末及细砂糖、绍兴酒依序放在鱼头上。
2. 盖上保鲜膜，放入微波炉内，以1000瓦加热8分钟后取出，撒上葱花即可。

五柳蒸鲜鱼

材料
鲈鱼	1条
姜	1小段
葱	1根
黑木耳	1片
金针菇	1/4把
胡萝卜	20克
红辣椒	1个

调料
黄豆酱	1小匙
酱油	1小匙
料酒	1小匙
香油	1小匙
盐	少许

做法
1. 将鲈鱼洗净去鳞去鳃，再将鱼背划三刀洗净备用。
2. 姜、葱、黑木耳、胡萝卜、红辣椒都洗净切成丝状；金针菇洗净去蒂备用。
3. 将鱼放入盘中，加入做法2的所有材料，再将所有调料拌匀后淋在鱼上。
4. 放入微波炉里，以1000瓦加热3分钟即可。

泰式柠檬鱼片

材料
鲷鱼2片、姜1小段、红辣椒1个、蒜瓣3瓣、香菜2棵、柠檬1个

调料
柠檬汁1小匙、料酒1大匙、盐少许、白胡椒粉少许、鱼露1小匙

做法
1. 将鲷鱼片洗净，切成大块备用。
2. 姜、红辣椒、蒜瓣、香菜都洗净切成碎状备用。
3. 所有调料搅拌均匀备用。
4. 将鱼片放入盘中，加入做法2所有材料，再淋入做法3的酱汁，放入微波炉里，以1000瓦加热2分钟即可。

豆酥鱼片

材料
鲷鱼肉200克、豆酥6大匙、蒜末20克、葱花20克

调料
辣椒酱1小匙、细砂糖1小匙、料酒1大匙

做法
1. 鲷鱼肉洗净切成厚片，放入微波盘中，淋上料酒，盖紧保鲜膜后放入微波炉中，加热5分钟后取出，滤除水分。
2. 取一微波碗，加入豆酥、蒜末、色拉油（材料外）及辣椒酱拌匀，放入微波炉中以800瓦加热4分钟取出。
3. 趁热将细砂糖、葱花放入豆酥中拌匀，铺至鲷鱼片上即可。

台式蒸鱼

材料
鱼1条（约300克）、猪肉丝30克、姜丝5克、红辣椒丝5克、葱丝5克

调料
豆豉1大匙、酱油2小匙、蚝油1小匙、水1大匙、细砂糖1/2小匙、料酒1大匙

做法
① 鱼洗净后摆放盘上。

② 姜丝、红辣椒丝、猪肉丝及所有调料一起拌匀。

③ 将拌好的材料均匀淋在鱼身上，盖上保鲜膜，放入微波炉里，以1000瓦加热6分钟后取出，撒上葱丝即可。

清蒸鱼

材料
鱼1条（约230克）、葱段10克、姜丝10克

调料
料酒、蚝油、酱油、细砂糖、水各1大匙

做法
① 鱼处理好洗净后，在鱼身两侧各划2刀，划深至骨头处但不切断，置于盘上备用。

② 将所有调料调匀后，淋至鱼上，再将葱段、姜丝铺至鱼上。

③ 用保鲜膜封好后，放入微波炉中以800瓦加热4分钟后取出，撕去保鲜膜，挑去葱姜即可食用。

PART 5

营养鲜虾，
大人小孩都爱吃

虾在海产品里面，算得上是最大众的食材了，清蒸大虾、盐水虾、奶油虾仁、酱爆虾球等，光说名字就足以让人胃口大开。还等什么，去市场里买一些新鲜的虾回家，等着大快朵颐吧！

沙茶葱烧虾

材料

虾	300克
葱	1根
姜	5克

调料

沙茶酱	1大匙
细砂糖	少许
料酒	1大匙
酱油	1小匙
胡椒粉	少许

做法

① 葱洗净切段；姜洗净切片，备用。

② 虾洗净将背切开，加入葱段、姜片和所有调料拌匀。

③ 将草虾放入微波炉中，按"微波烧烤"键，火力选择3，时间设定4分钟，按下"开始"即可。

奶油虾仁

材料
虾仁150克、蒜瓣20克、洋葱40克、西蓝花40克

调料
无盐奶油2小匙、盐1/4小匙、细砂糖1/6小匙、水1大匙

做法
① 虾仁洗净沥干；蒜瓣洗净切片；洋葱洗净切丝；西蓝花洗净切小块，备用。
② 将上述所有材料及所有调料拌匀后装盘。
③ 用保鲜膜封好，放入微波炉内，以800瓦加热4分钟，撕去保鲜膜后略拌匀，即可食用。

咖喱虾仁

材料
虾仁150克、洋葱50克、青豆仁35克、蒜末10克

调料
咖喱粉1小匙、盐1/2小匙、水1大匙、细砂糖1/4小匙、淀粉1/4小匙、无盐奶油1小匙

做法
① 虾仁洗净沥干；洋葱洗净切丝，备用。
② 将所有材料及所有调料拌匀后装盘。
③ 用保鲜膜封好，放入微波炉里以800瓦加热3分钟，撕去保鲜膜略拌匀后即可食用。

椰汁咖喱虾

📋 材料
虾300克、蒜末10克、香菜10克

🫙 调料
红咖喱酱1大匙、细砂糖1/2小匙、椰浆2大匙

🍳 做法
① 虾洗净后沥干；香菜洗净切段备用。

② 取一微波碗，放入蒜末、红咖喱酱，加入1小匙色拉油（材料外）拌匀后，放入微波炉内以800瓦加热1分30秒爆香。

③ 取出碗，放入椰浆及细砂糖拌匀后，加入虾拌匀，再盖上保鲜膜，两边各留缝隙排气。

④ 放入微波炉内，以800瓦加热4分钟，取出拌匀后装盘，加入香菜段即可。

干煎鲜虾

📋 材料
虾12只、洋葱末30克、蒜末20克、葱花10克

🫙 调料
辣椒酱2大匙、味啉2大匙、香油1小匙

🍳 做法
① 虾洗净去肠泥，剪掉长须沥干水分备用。

② 取一微波碗，放入所有材料，加入所有调料拌匀，盖上保鲜膜，两边各留缝隙排气。

③ 放入微波炉内，1000瓦加热4分钟后取出拌匀取出拌匀装盘即可。

虾仁炒芹菜

材料
虾仁100克、芹菜2棵、蒜瓣2瓣、红辣椒1/2个、葱1根、红甜椒1/3个

调料
XO酱1大匙、料酒1小匙、香油少许

做法
1. 虾仁洗净，开背去沙筋备用。
2. 蒜瓣与红辣椒洗净切片；葱洗净切片；红甜椒洗净切片；芹菜洗净去皮切片，备用。
3. 取一微波容器，放入上述所有材料和所有调料，一起搅拌均匀。
4. 放入微波炉里，以700瓦加热3分钟即可。

酱爆虾球

材料
虾仁120克、葱2根、蒜瓣20克、青甜椒40克、红辣椒1个

调料
甜面酱2小匙，番茄酱、细砂糖、料酒、水、香油各1小匙，淀粉1/2小匙

做法
1. 虾仁洗净沥干；葱、红辣椒洗净切小段；青甜椒洗净切小块；蒜瓣洗净切片，全部混合备用。
2. 调料除了淀粉外，混合调匀备用。
3. 在做法1材料中拌入淀粉。
4. 将调料拌入做法3材料中，混合均匀。
5. 用保鲜膜封好，放入微波炉内以800瓦加热4分钟，取出后拌匀即可。

甜豆虾仁

材料
虾仁200克、甜豆50克、红辣椒1个、胡萝卜片适量、姜10克、葱10克

调料
鸡精、细砂糖各1/6小匙，盐1/4小匙，料酒、淀粉、香油各1/2小匙，水1小匙

做法
1. 虾仁洗净沥干；甜豆洗净撕去老丝；红辣椒及姜洗净切小片；葱洗净切段，备用。
2. 将所有材料及所有调料拌匀后装盘。
3. 用保鲜膜封好后，放入微波炉以800瓦加热4分钟，撕去保鲜膜略拌匀后，即可食用。

宫保虾仁

材料
虾仁120克、干红辣椒10克、葱2根、姜5克、蒜香花生30克

调料
酱油1大匙、白醋1小匙、水1大匙、料酒1小匙、淀粉1/2小匙、香油1/2小匙

做法
1. 虾仁洗净沥干；葱、干红辣椒洗净切小段；姜洗净切丝，备用。
2. 将做法1的所有材料及所有调料混合拌匀后装盘。
3. 用保鲜膜封好，放入微波炉中以800瓦加热4分钟，撕去保鲜膜，加入蒜香花生拌匀后，即可食用。

五味虾仁

材料
虾仁120克、葱花12克、蒜末10克

调料
Ⓐ 番茄酱2大匙、陈醋2小匙、细砂糖2小匙、辣椒酱1小匙、香油1小匙
Ⓑ 水1大匙、料酒1小匙

做法
❶ 虾仁洗净沥干；葱花、蒜末及调料A调匀成五味酱，备用。
❷ 虾仁装盘，淋上水及料酒。
❸ 用保鲜膜封好，放入微波炉内以800瓦加热2分钟，撕去保鲜膜，淋上五味酱即可食用。

备注：香菜叶为装饰物。

蒜酥虾仁

材料
虾仁200克、蒜酥10克、红葱酥5克、葱花10克、红辣椒末5克

调料
Ⓐ 淀粉1/2小匙、盐1/6小匙、料酒1小匙
Ⓑ 盐1/4小匙、细砂糖1/2小匙

做法
❶ 将草虾仁背部剖开不切断，洗净后沥干，用调料A抓匀腌渍约2分钟。
❷ 将草虾仁放入微波碗中，加入1小匙色拉油（材料外）拌匀后盖上保鲜膜，放入微波炉内，以800瓦加热2分钟后取出，撕去保鲜膜，沥干。
❸ 续于碗中放入其余材料和调料B拌匀，盖上保鲜膜，放入微波炉内，以800瓦加热3分钟后取出即可。

滑蛋虾仁

材料
虾仁	100克
鸡蛋	4个
葱花	30克

调料
A
盐	1/4小匙
淀粉	1/2小匙
料酒	1小匙
B
盐	1/2小匙
白胡椒粉	1/4小匙
水	3大匙
淀粉	1/2小匙

做法
1. 将虾仁背部剖开不切断，洗净后沥干，用调料A抓匀腌渍约2分钟。
2. 将虾仁放入微波碗中，加入1小匙色拉油（材料外）拌匀后盖上保鲜膜，两边各留缝隙排气，再放入微波炉内，以800瓦加热2分钟后取出，撕去保鲜膜，沥干水分。
3. 鸡蛋打散，加入调料B拌匀备用。
4. 另取一微波碗，放入2大匙色拉油（材料外），加入鸡蛋液及虾仁拌匀，放入微波炉中加热30秒。
5. 取出做法4的碗，略将蛋液拌匀，续放入微波炉中加热30秒后取出，再搅拌一次。
6. 再放入微波炉内，加热1分钟后至蛋凝固即可取出，略微拌匀后装盘即可。

香辣鸡虾球

材料
鸡肉100克、虾300克、蒜瓣10克、干红辣椒5克、花椒5克

调料
盐1/2小匙、鸡精1/2小匙、细砂糖1小匙、料酒30毫升、淀粉20克、香油少许、胡椒粉少许

做法
① 鸡肉洗净剁成丁状；虾洗净去虾泥，备用。
② 将鸡肉丁和虾加入其余材料，再和所有调料混合均匀。
③ 放入微波炉中，按"微波烧烤"键，火力选择2，时间设定11分钟，按下"开始"即可。

甜辣虾仁

材料
虾仁200克、洋葱25克、青甜椒25克、蒜末10克

调料
水1大匙、番茄酱1大匙、辣椒酱1大匙、细砂糖1小匙、香油1小匙

做法
① 虾仁洗净沥干；青甜椒及洋葱洗净切小片，备用。
② 将做法1的所有材料和蒜末，及所有调料拌匀后装盘。
③ 用保鲜膜封好，放入微波炉内以800瓦加热4分钟，撕去保鲜膜略拌匀后，即可食用。

蒜泥虾

材料
虾8只、蒜泥2大匙、葱花10克

调料
Ⓐ 料酒、水各1大匙
Ⓑ 酱油、开水、细砂糖各1小匙

做法
1. 虾洗净、剪掉长须后，用刀在虾背由虾头直剖至虾尾处，但腹部不切断，且留下虾尾不摘除。
2. 将虾肠泥去除洗净后，排放至盘子上备用。
3. 调料B混合成酱汁备用。
4. 蒜泥与调料A混合后，淋至虾上，用保鲜膜包好后，放入微波炉中加热2分钟后取出，撕去保鲜膜淋上酱汁、撒上葱花即可食用。

鲜虾酿豆腐

材料
虾仁200克、板豆腐1块、葱花20克、姜末10克、西蓝花80克

调料
盐1/4小匙、细砂糖1/2小匙、淀粉1大匙、香油1大匙

做法
1. 虾仁去肠泥，洗净沥干，用刀背将虾仁拍成泥，先后加入葱花、姜末、盐、细砂糖、淀粉及香油，搅打成馅料，冷藏。
2. 豆腐切成厚约1.5厘米的长方块6块，平铺于盘上，表面撒上一层薄薄的淀粉。
3. 将馅料均分于豆腐上，表面抹成光滑小丘状，并以洗净的西蓝花做盘饰。
4. 盖上保鲜膜，放入微波炉内以1000瓦加热6分钟即可。

虾仁烩豆腐

材料
虾仁250克、嫩豆腐1盒、玉米粒30克、冷冻三色豆120克、蒜瓣2瓣

调料
辣豆瓣1小匙、番茄酱1大匙、水200毫升、盐少许、白胡椒粉少许、香油1小匙、细砂糖1小匙、料酒1小匙、水淀粉1大匙

做法
1. 将虾仁洗净，滤干水分备用。
2. 嫩豆腐去水切小丁，蒜瓣洗净切片备用。
3. 再将所有调料一起加入搅拌均匀，备用。
4. 再取一个水盘，依序加入上述所有材料，再放入微波炉里面，以800瓦加热3分钟即可。

XO酱炒虾仁

材料
虾仁200克，红甜椒、黄甜椒各80克，蒜末10克、葱段15克

调料
色拉油1大匙、XO酱2大匙、料酒1大匙、细砂糖1/2小匙、水淀粉1小匙、香油1小匙

做法
1. 虾仁洗净去肠泥后开背；红甜椒、黄甜椒洗净切小片备用。
2. 取一微波容器，放入所有材料和所有调料拌匀，然后盖上保鲜膜，两边各留缝隙排气。
3. 放入微波炉里，以1000瓦加热5分钟后取出，拌匀装盘即可。

茄汁虾仁

材料

虾仁150克、洋葱45克、西红柿50克、香菜末
适量

调料

番茄酱2大匙、白醋1大匙、细砂糖1大匙、水1小
匙、淀粉1/2小匙、香油1小匙

做法

❶ 虾仁洗净沥干；西红柿及洋葱洗净切丁，
　备用。

❷ 将做法1的所有材料，及所有调料拌匀后
　装盘。

❸ 用保鲜膜封好，放入微波炉内以800瓦加热
　4分钟，撕去保鲜膜略拌匀后，撒上香菜末
　即可食用。

茄汁虾球

材料

虾仁200克、洋葱50克、西红柿150克、蒜末
10克

调料

Ⓐ 淀粉1/2小匙、盐1/6小匙、料酒1小匙
Ⓑ 番茄酱2大匙，细砂糖、淀粉、香油各1小匙

做法

❶ 将虾仁背部剖开不切断，洗净后沥干，用调料
　A抓匀腌渍约2分钟；洋葱、西红柿洗净切丁。

❷ 取一碗，放入洋葱、蒜末，加入1大匙色拉
　油（材料外）拌匀后，放入微波炉中以800
　瓦加热2分钟爆香。

❸ 取出碗，放入虾仁及西红柿丁，加入调料
　B拌匀，再盖上保鲜膜，两边各留缝隙排
　气，放入微波炉内，以800瓦加热6分钟，
　取出拌匀即可。

盐水虾

材料
虾20只、葱2根、姜25克

调料
盐1小匙、水2大匙、料酒1小匙

做法
1. 虾洗净剪掉长须置于盘中；葱洗净切成段；姜洗净切片，备用。
2. 将葱段与姜片铺于草虾上。
3. 所有调料混合淋至虾上。
4. 用保鲜膜包好，放入微波炉中加热4分钟，取出撕去保鲜膜，挑去葱、姜，倒去盐水后，即可食用。

虾酿猪肉

材料
虾8只、猪肉馅120克、蒜瓣2瓣、红辣椒1/3个

调料
香油1小匙、盐少许、白胡椒少许、淀粉1小匙、蛋清1个

做法
1. 将虾洗净，切开背部，去除沙筋，备用。
2. 蒜瓣与红辣椒洗净切成碎状备用。
3. 取一容器，加入做法2材料与猪肉馅，再加入所有调料一起搅拌均匀，并摔至出筋。
4. 取适量做法3的肉馅，分别镶入虾背部，排入盘中，再放入微波炉里，以1000瓦加热2分钟即可。

蒜香蒸虾

材料
虾8只、蒜瓣5瓣、葱1根

调料
奶油50克、香油1小匙、盐少许、白胡椒粉少许

做法

① 将虾洗净，切开背部，去除沙筋，摆盘备用。

② 蒜瓣与葱洗净切成碎状备用。

③ 奶油放置室温软化，与做法2的材料和所有调料一起搅拌均匀。

④ 将做法3搅拌好的奶油分别放在虾背上面，再放入微波炉里，以700瓦加热1分30秒即可。

柠檬蒸虾

材料
虾200克、红辣椒末10克、蒜末10克、香菜末3克、葱丝5克

调料
柠檬汁1大匙、鱼露1大匙、细砂糖1小匙

做法

① 虾剪去长须，去肠泥，洗净沥干放置盘上。

② 将红辣椒末、蒜末、香菜末及所有调料拌匀成酱汁，淋至虾上，盖上保鲜膜。

③ 放入微波炉里，以1000瓦加热4分钟后取出，撒上葱丝即可。

PART 6

鱿鱼、蛤蜊等海产，微波也鲜香

鲜香无比的鱿鱼、牡蛎、蟹等海产品，是否让你垂涎三尺？去饭店里吃实在太贵了，买点回家自己做，解馋又省钱，岂不是一举两得？不要以为海鲜都很费劲，微波炉操作简单又美味！

三杯鱿鱼

材料

鱿鱼	220克
姜	40克
红辣椒	2个
蒜瓣	40克
罗勒	20克

调料

香油	2大匙
酱油	2大匙
细砂糖	1小匙
料酒	1大匙
淀粉	1/2小匙

做法

① 鱿鱼洗净去膜后切成圈状；姜洗净切片；红辣椒洗净剖半；罗勒挑去粗茎洗净，备用。

② 鱿鱼放入微波碗中，加入酱油拌匀后盖上保鲜膜，两边各留缝隙排气，再将碗放入微波炉内，以800瓦加热3分钟后取出，撕去保鲜膜，沥干水分备用。

③ 另取一微波碗，放入姜片、蒜瓣及红辣椒，倒入香油拌匀后，放入微波炉中加热3分钟爆香。

④ 取出做法3的碗，放入做法2的鱿鱼，加入酱油、细砂糖、料酒、淀粉及罗勒叶拌匀。盖上保鲜膜，两边各留缝隙排气。

⑤ 放入微波炉内，以800瓦加热3分钟后取出，撕去保鲜膜拌匀后装盘即可。

芹菜鱿鱼

材料
鱿鱼200克、芹菜200克、红辣椒片5克、姜末5克

调料
盐1/2小匙、细砂糖1/2小匙、料酒1大匙、水淀粉1小匙、香油1小匙

做法
1. 鱿鱼去皮洗净后切花刀,芹菜削去粗皮及筋膜后切斜片。
2. 取一微波容器,放入所有材料和所有调料拌匀,盖上保鲜膜,两边各留缝隙排气。
3. 放入微波炉里,以1000瓦加热5分钟后取出,拌匀装盘即可。

姜香鱿鱼

材料
水发鱿鱼1条、姜1小段、新鲜罗勒2根

调料
料酒1大匙、日式芥末酱1小匙

做法
1. 将水发鱿鱼洗净,切花再切小块备用。
2. 姜洗净切丝;罗勒洗净备用。
3. 取一圆盘,放入水发鱿鱼、姜丝与料酒,放入微波炉里,以1000瓦加热3分钟后取出。
4. 搭配罗勒衬底,并以日式芥末酱做蘸酱即可。

奶油蒸螃蟹

材料

螃蟹2只、姜1小段、葱1根

调料

料酒1大匙、奶油30克、盐少许、黑胡椒粉少许

做法

1. 将螃蟹洗净,剥开背壳(壳保留)、去鳃备用(也可再分切成小块)。
2. 姜、葱洗净切丝备用。
3. 将螃蟹排在盘中,加入所有调料与葱丝、姜丝。
4. 放入微波炉里,以1000瓦加热6分钟即可。

酸辣鱿鱼

材料

鱿鱼肉200克、青甜椒40克、红甜椒40克、鲜香菇40克、蒜片20克、罗勒少许

调料

泰式酸辣汤酱1大匙、料酒1大匙、细砂糖1小匙

做法

1. 鱿鱼洗净去皮后切圈;青甜椒、红甜椒、鲜香菇洗净后切小片。
2. 取一微波容器,放入所有材料和所有调料拌匀,然后盖上保鲜膜,两边各留缝隙排气。
3. 放入微波炉里,以1000瓦加热6分钟后取出,拌匀装盘即可。

黄豆酱蒸鱿鱼

材料
鱿鱼3条(约300克)、姜末10克、辣椒末5克、香菜5克

调料
黄豆酱2大匙、料酒2大匙、细砂糖2小匙、香油1小匙

做法
1. 鱿鱼洗净沥干后装盘。
2. 黄豆酱加入料酒、香油、细砂糖及姜末、红辣椒末,混合成蒸酱。
3. 将蒸酱淋至鱿鱼上,盖上保鲜膜,放入微波炉里,以1000瓦加热4分钟后取出,撒上香菜即可。

沙茶酱炒螺肉

材料
螺肉240克、姜末10克、红辣椒片15克、蒜末10克、芹菜60克

调料
沙茶酱1大匙、酱油2小匙、料酒1大匙、香油1小匙

做法
1. 芹菜洗净后切小段。
2. 取一微波容器,放入所有材料和所有调料拌匀,然后盖上保鲜膜,两边各留缝隙排气。
3. 放入微波炉里,以1000瓦加热5分钟后取出,拌匀装盘即可。

125

蛤蜊丝瓜

材料

丝瓜1根、蛤蜊300克、姜1小段、红辣椒1/4个

调料

料酒1大匙、香油1小匙、盐少许、白胡椒粉少许、水2大匙

做法

① 丝瓜去皮，去头尾，洗净，切成小块状，备用。

② 蛤蜊洗净，泡盐水吐沙约30分钟。

③ 姜洗净切丝；红辣椒洗净切片备用。

④ 取一微波容器，依序加入上述所有材料，再加入所有调料，放入微波炉里，以1000瓦加热3分钟，取出搅拌均匀后再微波3分钟即可。

香辣蛤蜊

材料

蛤蜊400克、姜丝10克、辣椒片15克、蒜末10克、罗勒20克

调料

酱油、料酒、香油各1小匙，细砂糖1/4 小匙

做法

① 蛤蜊吐沙后洗净沥干。

② 取一微波容器，放入所有材料和所有调料拌匀，盖上保鲜膜，两边各留缝隙排气。

③ 放入微波炉里，以1000瓦加热4分钟后取出，拌匀装盘即可。

生炒墨鱼

材料

墨鱼肉	300克
小黄瓜	80克
红辣椒	1个
蒜末	10克
姜末	10克

调料

陈醋	3大匙
细砂糖	2大匙
料酒	1小匙
淀粉	1小匙
香油	1小匙

做法

1. 墨鱼洗净去膜后切花；小黄瓜洗净切片；红辣椒洗净切片。

2. 墨鱼放入微波碗中，盖上保鲜膜，两边各留缝隙排气。

3. 将微波碗放入微波炉内，以800瓦加热2分钟后取出，撕去保鲜膜，取出沥干水分。

4. 另取一微波碗，放入姜末、蒜末及红辣椒片，加入1大匙色拉油（材料外）拌匀后，放入微波炉中加热2分钟爆香。

5. 取出做法4的碗，放入墨鱼及小黄瓜片，再加入所有调料拌匀，盖上保鲜膜，两边各留缝隙排气。

6. 放入微波炉内，以800瓦加热3分钟后取出，拌匀后装盘即可。

酒香黄金蚬

材料
黄金蚬500克、姜1小段

调料
料酒1大匙、盐少许、香油少许

做法
1. 将黄金蚬泡盐水，吐沙备用。
2. 姜洗净，切丝备用。
3. 将处理好的黄金蚬放入浅盘中，再加入姜丝与所有调料，放入微波炉里，以1000瓦加热2分钟即可。

豆豉牡蛎

材料
牡蛎250克、绿豆芽100克、蒜酥1匙、葱花10克

调料
色拉油、酱油各2大匙，凉开水、香油、淀粉各1小匙，细砂糖1/2小匙，盐1/8小匙

做法
1. 将牡蛎洗净挑去杂质后沥干备用。蒜酥、葱花与酱油、凉开水、细砂糖、香油拌匀成酱汁备用。
2. 取一微波容器，放入绿豆芽，加入盐、色拉油拌匀，放入微波炉内以1000瓦加热1分钟后取出装盘。
3. 另取一微波碗，加入牡蛎与淀粉拌匀，盖上保鲜膜，两边各留缝隙排气。
4. 放入微波炉里，以1000瓦加热1分钟后取出，铺至绿豆芽上，淋上酱汁即可。

蒜香牡蛎

材料

材料	用量
牡蛎	200克
盒装豆腐	1盒
红辣椒片	10克
蒜末	8克
姜末	10克
豆豉	20克
葱花	30克

调料

调料	用量
酱油	2大匙
料酒	1小匙
细砂糖	1小匙
淀粉	1小匙
香油	1小匙

做法

1. 牡蛎洗净后沥干；豆腐切丁，备用。
2. 牡蛎放入微波碗中，加入料酒拌匀后盖紧保鲜膜，再放入微波炉内，以800瓦加热2分钟后取出，撕去保鲜膜，沥干水分。
3. 另取一微波碗放入红辣椒片、蒜末、姜末、豆豉，加入1大匙色拉油（材料外）拌匀后，放入微波炉内微波2分钟爆香。
4. 取出做法3的碗，放入葱花、牡蛎、豆腐丁，加入酱油、细砂糖、淀粉及香油拌匀，再盖上保鲜膜，两边各留缝隙排气。
5. 放入微波炉内，以800瓦加热4分钟后取出，拌匀后装盘即可。

葱爆鱿鱼

材料
鱿鱼200克、红辣椒1个、葱3根、姜末20克、蒜末20克

调料
酱油2大匙，细砂糖、料酒、香油各1小匙

做法

1. 鱿鱼洗净沥干；红辣椒洗净切片；葱洗净切段备用。
2. 取一微波碗，放入红辣椒片、葱段、姜末及蒜末，加入1大匙色拉油（材料外）拌匀后，放入微波炉内微波2分钟爆香。
3. 取出碗，放入鱿鱼，加入所有调料拌匀，盖上保鲜膜，两边各留缝隙排气。
4. 放入微波炉内，以800瓦加热4分钟后取出，拌匀后装盘即可。

姜丝蒸鱿鱼

材料
鱿鱼 320克、姜1小段、葱1根、红辣椒1个

调料
蚝油1小匙、细砂糖1小匙、水3大匙、料酒1大匙

做法

1. 将鱿鱼洗净，放入盘中备用。
2. 姜、葱、红辣椒都洗净切成丝状备用。
3. 将做法2材料，与所有调料依序加入做法1盘中。
4. 放入微波炉里，以700瓦加热2分钟即可。

宫保鱿鱼

材料
水发鱿鱼200克、葱2根、姜末5克、蒜末5克

调料
白醋、酱油2大匙，料酒、香油、细砂糖各1大匙，淀粉1/2小匙

做法
1. 葱洗净切段；将鱿鱼皮膜剥除后切花洗净沥干，放入微波碗中，盖上保鲜膜，放入微波炉内，以800瓦加热3分钟，取出沥干。
2. 另取一碗，放入葱段、蒜末、姜末，加入1大匙色拉油（材料外）拌匀后，放入微波炉中加热2分钟取出。
3. 续于碗中放入鱿鱼，加入所有调料，拌匀，盖上保鲜膜，两边各留缝隙排气，再放入微波炉内，以800瓦加热3分钟，取出撕去保鲜膜即可。

炒海瓜子

材料
海瓜子500克、红辣椒2个、蒜末20克、姜10克、罗勒20克

调料
沙茶酱、酱油、料酒、香油各1小匙，细砂糖、淀粉各1/2小匙

做法
1. 海瓜子洗净后沥干；红辣椒洗净切小片；罗勒挑去硬梗后洗净沥干，备用。
2. 取一微波碗放入红辣椒片、蒜末、姜末，加入1大匙色拉油（材料外）拌匀后，放入微波炉内以800瓦加热2分钟爆香。
3. 取出碗，放入海瓜子、罗勒和所有调料拌匀，再盖上保鲜膜，放入微波炉内，以800瓦加热6分钟后取出，拌匀装盘即可。

131

牡蛎丝瓜

📇 材料
丝瓜200克、牡蛎80克、姜末10克、葱花10克

🥫 调料
料酒2小匙、盐1/2小匙、鸡精1/2小匙、细砂糖1/4小匙、淀粉1/4小匙、白胡椒粉1/6小匙

🍳 做法
1. 牡蛎洗净沥干；丝瓜去皮洗净切条。
2. 取两只碗，一只放入牡蛎，加入料酒，盖上保鲜膜；另一只放入葱花、姜末和1大匙色拉油（材料外），拌匀后先后放入微波炉内以800瓦加热2分钟取出。
3. 将丝瓜条剩余调料放入葱油碗中拌匀，盖上保鲜膜，再放入微波炉内，以800瓦加热3分钟，取出加入牡蛎、淀粉略拌匀后，放入微波炉内，加热2分钟，取出拌匀即可。

破布子蒸蛤蜊

📇 材料
蛤蜊350克、姜1小段、红辣椒1/2个、破布子2大匙

🥫 调料
料酒1大匙，盐、白胡椒粉、细砂糖各少许

🍳 做法
1. 将蛤蜊洗净，泡盐水吐沙备用。
2. 姜洗净切丝；红辣椒洗净切片备用。
3. 取一微波容器，加入上述材料与所有调料一起，放入微波炉里，以1000瓦蒸5分30秒即可。

PART 7

暖胃汤羹，
微波炉里酿美味

　　一碗浓浓的、泛着鱼肉醇厚香味的汤，不管在什么季节都是
人们暖心暖胃的佳肴，鱼、肉、猪血、排骨……可以拿来做汤的食
材层出不穷，菜汤香甜，肉汤醇香，只有想不到，没有做不到。

豆腐肉片汤

材料

肉片	60克
姜丝	5克
西红柿	150克
板豆腐	150克
上海青	1棵
水	250毫升

调料

盐	1/4小匙
白胡椒粉	1/6小匙
香油	1大匙

做法

1. 豆腐及西红柿洗净切小块；上海青洗净后切丝备用。

2. 取一大微波容器，放入肉片、姜丝、西红柿、豆腐及水，盖上保鲜膜，两边留缝隙。

3. 放入微波炉里，以1000瓦加热10分钟后取出，放入上海青拌匀，再加入盐、白胡椒粉及香油调味即可。

山药排骨汤

材料
排骨200克、山药100克、枸杞子3克、姜片5克、水300毫升

调料
盐1/2小匙、料酒2大匙

做法
1. 将排骨剁小块，用热开水冲烫后洗净；山药去皮洗净切块备用。
2. 取一大微波容器，放入排骨、山药、姜片、枸杞子、料酒、水，盖上保鲜膜，两边留缝隙。
3. 放入微波炉里，以1000瓦加热15分钟后取出，加入盐调味即可。

苦瓜排骨汤

材料
排骨200克、苦瓜100克、姜片5克、水300毫升

调料
盐1/2小匙、料酒2大匙

做法
1. 将排骨剁小块，用热开水冲烫后洗净；苦瓜洗净去籽后切块备用。
2. 取一大微波容器，放入排骨、苦瓜、姜片、水及料酒，然后盖上保鲜膜，两边留缝隙。
3. 放入微波炉里，以1000瓦加热15分钟后取出，加入盐调味即可。

香菇鸡汤

材料

鸡肉	200克
泡发香菇	5朵
红枣	5个
姜片	5克
水	250毫升

调料

盐	1/6 小匙
料酒	2大匙

做法

1. 将鸡肉剁小块，用热开水冲烫后洗净；香菇洗净切小块，备用。
2. 取一大微波容器，放入鸡肉、姜片、料酒、水、香菇及红枣，盖上保鲜膜，两边留缝隙。
3. 放入微波炉里，以1000瓦加热12分钟后取出，加入盐调味即可。

酸菜猪血汤

材料

猪血	200克
酸菜	50克
韭菜	10克
水	300毫升

调料

盐	1/2小匙
红葱油	1大匙
料酒	2大匙
白胡椒粉	1/6小匙

做法

① 猪血洗净后切小块；酸菜切丝后洗净；韭菜洗净切末，备用。

② 取一大微波容器，放入猪血、酸菜、韭菜、水及料酒，盖上保鲜膜，两边留缝隙。

③ 放入微波炉里，以1000瓦加热8分钟后取出，加入盐、白胡椒粉及红葱油调味即可。

肉丝豆腐羹

材料
猪肉丝30克、豆腐100克、黑木耳10克、胡萝卜20克、竹笋20克、上海青1颗

调料
高汤300毫升、盐1/2 小匙、白胡椒粉1/8小匙、水淀粉1.5大匙、香油1小匙

做法
1. 豆腐、黑木耳、胡萝卜、竹笋及上海青洗净切丝备用。
2. 取一大微波容器，放入做法1材料及猪肉丝、高汤，盖上保鲜膜，两边留缝隙，放入微波炉里，以1000瓦加热10分钟后取出。
3. 加入盐、白胡椒粉，再淋入水淀粉拌匀，盖上保鲜膜，两边留缝隙，放入微波炉里，以1000瓦加热1分钟后取出，淋上香油即可。

花瓜鸡汤

材料
鸡肉200克、罐头花瓜50克、花瓜汁60毫升、姜片5克、水250毫升

调料
盐1/6小匙、白胡椒粉少许、料酒2大匙

做法
1. 将鸡肉剁小块，用热开水冲烫后洗净。
2. 取一大微波容器，放入鸡肉、姜片、料酒、花瓜及花瓜汁、水，盖上保鲜膜，两边留缝隙。
3. 放入微波炉里，以1000瓦加热12分钟后取出，加入白胡椒粉及盐调味即可。

姜丝虱目鱼汤

材料
虱目鱼1条、姜丝5克、葱丝5克、水300毫升

调料
盐1/2小匙、料酒2大匙

做法
1. 将虱目鱼切小段，用热开水冲烫后洗净。
2. 取一大微波容器，放入虱目鱼、姜丝、葱丝及料酒、水，盖上保鲜膜，两边留缝隙。
3. 放入微波炉里，以1000瓦加热8分钟后取出，加入盐调味即可。

姜丝鱼片汤

材料
鲷鱼1片（约200克）、姜丝6克、葱1根（切末）

调料
鸡精1小匙、白胡椒粉少许、盐少许、料酒1大匙、香油1小匙、水2碗

做法
1. 取可微波的大碗，放入所有的调料混合拌匀。
2. 将鲷鱼洗净切片，用餐巾纸吸干水分，放入做法1的大碗中，加入姜丝和葱末，再放入微波炉中以800瓦微波5分钟即可。

海鲜汤

材料

蛤蜊	200克
新鲜鲍鱼片	12片
鱿鱼片	200克
鲷鱼片	3片
虾仁	12只
豌豆苗	60克
西红柿	1个
洋葱	1/2个
葱	1根
姜片	5片
色拉油	30毫升

调料

A

热开水	1000毫升
料酒	30毫升

B

盐	5克
白胡椒粉	5克

腌料

A

盐	5克
淀粉	5克

B

盐	3克
水淀粉	15克
白胡椒粉	5克

做法

1. 蛤蜊吐沙后捞出洗净；洋葱洗净切碎；葱洗净切段；西红柿洗净切丁备用。

2. 虾仁加入腌料A抓拌，再以水冲净、吸干水分后，用腌料B腌10分钟备用。

3. 将洋葱碎末、姜片、葱段、西红柿丁及色拉油放入微波容器内，覆盖保鲜膜，两边留缝隙，以800瓦加热2分钟取出。

4. 捞除葱段、姜片，趁热加入虾仁、鱿鱼片、鲷鱼片、鲍鱼片、蛤蜊及调料A拌匀，覆盖保鲜膜，两边留缝隙，以800瓦微波4分钟后取出，加入豌豆苗及调料B拌匀即可。

烧酒煮虾

材料
虾400克、葱2根、姜5片、烧酒虾卤包1包

调料
料酒300毫升、盐5克

做法
1. 葱洗净切段，姜洗净切片备用。
2. 虾洗净，剪去虾须背部划刀，去除肠泥，放入碗中备用。
3. 微波容器中，加入烧酒虾卤包、葱段、姜片及调料，以保鲜膜覆盖，用800瓦加热4分30秒，取出即可。

三文鱼味噌汤

材料
三文鱼200克、嫩豆腐块1盒、姜丝5克、葱1根（切末）

调料
料酒2大匙、味噌1大匙、细砂糖1小匙、水2碗、白胡椒粉少许、盐少许

做法
1. 取可微波的大碗，放入所有的调料混合拌匀。
2. 将三文鱼洗净切块，用餐巾纸吸干水，放入做法1的大碗中，加入嫩豆腐块、姜丝和葱末，再放入微波炉中以800瓦加热5分钟即可。

酸辣海鲜汤

材料
虾10只、鱿鱼50克、鲷鱼1片、蛤蜊6个、西红柿50克、青甜椒40克、红甜椒30克、鲜香菇30克、洋葱50克、蒜末10克、罗勒叶5克

调料
色拉油1大匙、水400毫升、泰式酸辣汤酱3大匙

做法

① 鱿鱼洗净切圈；鲷鱼洗净切小片；虾及蛤蜊洗净；西红柿、青甜椒、红甜椒、鲜香菇、洋葱洗净后都切小块。

② 取一微波容器，放入所有材料和所有调料拌匀，然后盖上保鲜膜，两边各留缝隙排气。

③ 放入微波炉里，以1000瓦加热8分钟后取出，拌匀装盘即可。

萝卜贡丸汤

材料
贡丸6个、白萝卜150克、姜片5克、水250毫升

调料
盐1/4小匙、白胡椒粉1/8小匙

做法

① 白萝卜去皮洗净切片；贡丸洗净沥干。

② 取一微波容器，放入所有材料和所有调料拌匀，盖上保鲜膜，两边各留缝隙排气。

③ 放入微波炉里，以1000瓦加热8分钟后取出，拌匀装盘即可。

蛤蜊冬瓜汤

材料
蛤蜊200克、冬瓜150克、姜丝5克、水300毫升

调料
盐1/2小匙、料酒2大匙、白胡椒粉1/8小匙

做法
1. 冬瓜去皮洗净切片；蛤蜊吐沙后洗净沥干。
2. 取一大微波容器，放入冬瓜、姜丝、水及料酒，盖上保鲜膜，两边留缝隙，放入微波炉内以1000瓦加热12分钟后取出。
3. 放入蛤蜊后盖上保鲜膜，两边留缝隙，再以1000瓦加热4分钟，取出加入盐及白胡椒粉调味即可。

玉米浓汤

材料
玉米酱1罐、洋火腿35克

调料
高汤200毫升、盐1/4小匙、细砂糖1/2小匙、黑胡椒粉1/4小匙、牛奶50毫升、水淀粉1大匙、香油1小匙

做法
1. 洋火腿切小片。
2. 取一大微波容器，放入玉米酱、高汤、洋火腿片，盖上保鲜膜，两边留缝隙，放入微波炉内以1000瓦加热5分钟后取出。
3. 放入盐、黑胡椒粉、牛奶，再淋入水淀粉拌匀，盖上保鲜膜，两边留缝隙，放入微波炉内以1000瓦加热1分钟后取出，加盐、淋上香油即可。

养生杏鲍菇汤

材料

杏鲍菇50克、大白菜30克、枸杞子5克、山药片10克、胡萝卜10克、水600毫升

调料

盐、鸡精、细砂糖各1小匙

做法

① 杏鲍菇洗净切片；大白菜洗净切块；胡萝卜洗净切片，备用。

② 将做法1的所有材料和其余材料混合，再加入调料拌匀。

③ 放入微波炉中，检查水箱水位，按"蒸汽烹调"键，时间设定15分钟，按下"开始"即可。

福菜肉片汤

材料

福菜40克、猪肉片50克、姜片5克、水500毫升

调料

盐1小匙，鸡精、胡椒粉各少许

做法

① 福菜洗净，猪肉片洗净，备用。

② 将福菜、猪肉片和剩余材料混合，再加入所有调料，放入微波炉中，检查水箱水位，按"蒸汽烹调"键，时间设定20分钟，按下"开始"即可。

美味关键 腌制的福菜拿来炖煮或是煮汤，都十分开胃和鲜美。不过在烹调前要注意，福菜只要用水冲一冲，洗净就好，不要浸泡在水里，免得福菜的香气都流失了。

PART 8

主食和甜点，微波炉都能做

素菜、荤菜、汤羹，一一都上桌，再来份主食和甜点，一桌丰盛的美食就大功告成了。微波炉不仅能做出美味菜品，煮饭、炒面、做蛋糕，一样可以色香味俱全，让你味蕾大动，吃得心里好满足！

火腿玉米炒饭

材料

米饭	1碗（约200克）
火腿片	2片
玉米粒	50克
葱花	30克
色拉油	2小匙

调料

盐	1/2小匙
黑胡椒粉	1/4 小匙

做法

1. 将火腿片切小片，与葱花、黑胡椒粉放入微波碗中，加入色拉油拌匀后盖上保鲜膜，两边各留缝隙排气。
2. 放入微波炉内，以800瓦加热2分钟后取出，撕去保鲜膜。
3. 加入米饭、玉米粒及盐充分拌匀。
4. 放入微波炉内，加热4分钟后取出拌匀后装盘即可。

虾仁蛋炒饭

材料
米饭1碗（约200克）、虾仁50克、鸡蛋2个、葱花30克

调料
A 淀粉1/4小匙、料酒1小匙、盐1/4小匙
B 盐1/2小匙、白胡椒粉1/4小匙

做法
1. 将虾仁背部剖开不切断，洗净后沥干，用调料A抓匀。
2. 取一微波容器，放入鸡蛋打匀，加入2大匙色拉油（材料外）拌匀后，放入微波炉里以800瓦加热30秒后取出，将蛋液略拌匀，再微波加热30秒。
3. 取出容器，加入米饭、虾仁、葱花及调料B充分拌匀，放入微波炉内，以800瓦加热6分钟后取出，拌匀装盘即可。

樱花虾炒饭

材料
米饭1碗、樱花虾2大匙、洋葱1/3个、红辣椒1/2个、火腿2片、葱1根

调料
酱油1小匙、白胡椒粉少许、香油1大匙

做法
1. 将樱花虾洗净；洋葱洗净切小丁；红辣椒洗净切片；葱洗净切葱花；火腿切小丁，备用。
2. 取一微波容器，放入做法1材料与米饭，再加入所有调味拌匀。
3. 放入微波炉里，以1000瓦加热2分钟后取出，加入樱花虾拌匀即可。

蚝油腊肠饭

材料
大米1杯、腊肠2根、蒜苗1根

调料
蚝油1大匙、鸡高汤240毫升、料酒1大匙

做法
1. 将大米洗净，加入冷水浸泡30分钟。
2. 腊肠洗净切片；蒜苗洗净切片备用。
3. 取一微波容器，放入大米与所有调料一起搅拌均匀，然后铺平，放入微波炉里，以1000瓦加热11分钟。
4. 取出后，加入切好的蒜苗装饰即可。

牛肉烩饭

材料
米饭1碗、牛肉丝150克、洋葱1/3个、蒜瓣2瓣、红辣椒1/2个

调料
黑胡椒酱、料酒、奶油 1小匙，水50毫升

做法
1. 将洋葱洗净切丝；蒜瓣与红辣椒洗净切片备用。
2. 取一微波容器，先放入米饭，再加入牛肉丝与做法1的材料，以及所有调料拌匀。
3. 放入微波炉里，以700瓦加热3分钟即可。

三色菜饭

材料

大米	2杯
水	2.25杯
火腿丁	40克
蒜末	15克
洋葱丁	30克
胡萝卜丁	40克
玉米粒	60克

调料

色拉油	2大匙
盐	1/4小匙
黑胡椒粉	1/4小匙

做法

1. 大米洗净后与水一起浸泡1个小时备用。
2. 取一微波容器，放入蒜末、洋葱丁，加入色拉油拌匀，放入微波炉内以1000瓦加热2分钟爆香。
3. 取出并加入米、水及调料一起拌匀，铺上火腿丁、胡萝卜丁及玉米粒，盖上保鲜膜，两边各留缝隙排气。
4. 放入微波炉内，以1000瓦加热7分钟后取出拌匀，再盖上保鲜膜，以1000瓦加热10分钟后，取出拌匀即可。

茄汁鲔鱼饭

材料
米饭1碗、玉米粒50克、茄汁鲔鱼罐头1罐、葱1根

调料
盐、黑胡椒粉各少许，料酒1小匙

做法
① 将玉米粒洗净滤干水分；葱洗净切成葱花备用。
② 取一微波容器，先放入米饭，再加入玉米粒、茄汁鲔鱼肉、葱花与所有调料。
③ 放入微波炉里，以700瓦加热4分钟即可。

酥饼皮肉酱饭

材料
酥饼皮1片、猪肉酱3大匙、米饭1碗、黑芝麻少许、蛋黄1个

调料
色拉油2大匙、盐1/2小匙、细砂糖1/4小匙、白胡椒粉1/6小匙、水淀粉1/2小匙

做法
① 猪肉酱和米饭拌匀，放入容器中，再铺上酥饼皮，涂上蛋黄，撒上黑芝麻。
② 按"热风对流烘烤"键选择"双面"功能，温度设定250℃，按下"开始"，预热完成后，将做法1的酥皮肉酱饭放入微波炉中，时间设定8分钟，按下"开始"，烹调至表面呈金黄酥脆即可。

西红柿芙蓉焗饭

材料

米饭	150克
猪里脊肉片	50克
洋葱	1/2个
西红柿	100克
蛋豆腐	150克
干酪丝	40克
鸡蛋	1个

调料

酱油	15毫升
番茄酱	15克
细砂糖	5克
水淀粉	15毫升
水	150毫升

做法

1. 在微波专用烤皿上抹上一层奶油（材料外）后，将米饭平铺于上备用。

2. 洋葱洗净切丝，西红柿洗净切块，与猪里脊肉片、调料拌匀，用800瓦加热3分钟后，备用。

3. 蛋豆腐切成条状，铺在饭的周围，淋上做法2的材料，再将鸡蛋打在正中央，撒上干酪丝。

4. 取一深盘加入适量的水，再放入做法3的烤皿，以隔水加热方式用800瓦加热3分钟即可。

炒米粉

材料

猪肉馅	100克
米粉	1包
干香菇	5朵
鲜香菇	5朵
韭菜	1小把
圆白菜	1/5个
蒜瓣	2瓣
红辣椒	1/3个
胡萝卜	30克

调料

虾米	1大匙
料酒	1大匙
酱油	1大匙
鸡粉	1大匙
香油	1大匙
油葱酱	1大匙
鸡高汤	250毫升
细砂糖	少许

做法

1. 将米粉泡冷水至软，再洗净略剪断备用。
2. 干香菇泡软洗净切片；鲜香菇洗净切片；韭菜洗净切段；圆白菜与胡萝卜洗净切丝；蒜瓣与红辣椒洗净切片备用。
3. 取一微波容器，先加入上述材料和猪肉馅搅拌均匀，再依序加入所有调料。
4. 放入微波炉里，以1000瓦加热约5分钟后取出，搅拌均匀即可。

鸡肉白酱乌龙面

材料
乌龙面1包、鸡胸肉1/2片、洋葱1/2个、小黄瓜1根、蒜瓣2瓣、红辣椒1个

调料
奶油20克、鲜奶200毫升、盐少许、黑胡椒少许、香叶1片

做法
1. 将鸡胸肉切成小块状，洗净备用。
2. 洋葱洗净切丝；蒜瓣洗净切片；小黄瓜洗净切小丁；红辣椒洗净切片备用。
3. 取一微波容器，放入乌龙面，再加入上述所有材料与所有调料。
4. 放入微波炉里，以700瓦加热7分钟即可。

麻辣海鲜面

材料
乌龙面1包、虾5只、鱿鱼1只、洋葱1/2个、红辣椒1个

调料
辣豆瓣、香油、料酒、辣椒油各1小匙

做法
1. 虾去沙筋，再剪须洗净备用。
2. 洋葱洗净切丝；红辣椒洗净切片；鱿鱼洗净切圈备用。
3. 取一微波容器，放入乌龙面，再加入上述所有材料与所有调料。
4. 放入微波炉里，以700瓦加热5分钟即可。

珍珠炒年糕

材料
韩式年糕150克、玉米粒100克、腊肠30克、肝肠30克、红辣椒末5克、蒜末5克、蒜苗1根

调料
料酒2大匙、盐1/6小匙、细砂糖1/2小匙

做法
1. 韩式年糕切粒；腊肠、肝肠及蒜苗洗净切粒，备用。
2. 取一微波容器，放入所有材料和所有调料拌匀，然后盖上保鲜膜，两边各留缝隙排气。
3. 放入微波炉里，以1000瓦加热5分钟后取出，拌匀装盘即可。

泡菜炒年糕

材料
韩式年糕300克、猪肉丝120克、洋葱1/2个、蒜瓣3瓣、红辣椒1个、葱1根、韩式泡菜150克

调料
细砂糖1小匙、香油1小匙、鸡高汤150毫升

做法
1. 先将韩式年糕拨开；韩式泡菜拧干水分、切丝备用。
2. 洋葱洗净切丝；蒜瓣、红辣椒、葱都洗净切片备用。
3. 取一微波容器，放入上述材料、猪肉丝与所有调料，搅拌均匀。
4. 将容器放入微波炉里，以1000瓦加热5分钟即可。

香菇油饭

材料

长糯米	100克
猪肉丝	20克
干香菇	5朵
虾米	10克
红葱酥	5克

调料

酱油	1大匙
鸡精	1小匙
胡椒粉	1小匙
香油	2大匙

做法

1. 长糯米泡水3个小时，泡至膨胀备用。
2. 干香菇泡软后洗净切丝，虾米泡水洗净，备用。
3. 将长糯米、香菇丝和虾米混合，加入猪肉丝、红葱酥和所有调料拌匀，放入微波炉中，检查水箱水位，按"蒸汽微波"键，时间设定30分钟，按下"开始"烹调至熟即可。

美味关键 长糯米要泡水后才能烹调，时间要至少30分钟以上，最多3小时，时间太短或是太长，都会影响糯米的口感，还会影响烹调时间的长短。

猪肉丝炒米粉

材料

猪肉丝	30克
圆白菜	80克
米粉	80克
葱丝	10克
胡萝卜丝	30克

调料

高汤	50毫升
酱油	2小匙
盐	1/4小匙
细砂糖	1/4小匙
白胡椒粉	1/2小匙

做法

1. 圆白菜洗净切丝；米粉洗净泡水约20分钟至其充分软化，备用。

2. 取一微波碗，放入葱丝、胡萝卜丝，加入1大匙色拉油（材料外）拌匀后，放入微波炉中以800瓦加热1分30秒爆香。

3. 取出做法2的碗，放入猪肉丝及圆白菜丝拌匀，再放入微波炉加热2分钟，取出后将材料拌散。

4. 于碗内加入所有调料及米粉拌匀，盖上保鲜膜，两边各留缝隙排气。

5. 放入微波炉内，以800瓦加热3分钟后取出，拌匀后再入微波炉以800瓦加热2分钟，取出装盘即可。

油葱粿

材料
米粉	100克
糯米粉	100克
淀粉	50克
红葱酥	50克
冷水	100克
热水	100克

调料
盐	10克

做法
1. 将所有粉类材料混合，加入红葱酥，先加入冷水调匀，再倒入热水拌匀成浆状，最后再加入调料搅拌均匀。

2. 在容器底部铺上保鲜膜，倒入粉浆，放入微波炉中，检查水箱水位，按"蒸汽微波"键，时间设定20分钟，按下"开始"烹调至熟即可。

美味关键　　在制作油葱粿时，粉料的调制非常重要。粉料混合，先用冷水和一和，等到调均匀后，再倒入热水，把粉类的筋破坏掉，这样吃起来才会更香、更韧、更好吃。

微波蛋糕

材料

鸡蛋	1个
细砂糖	30克
炼乳	30克
奶油	15克
低筋面粉	80克
泡打粉	3克
鲜奶	1/4杯
玉米脆片	20克

做法

① 鸡蛋充分打散。倒入细砂糖与炼乳搅拌均匀，再倒入奶油搅拌均匀至糖溶化呈无颗粒的蛋糊。

② 将低筋面粉、泡打粉过筛筛入盆中，用打蛋器充分拌匀至无粉粒。玉米脆片留下几片备用，其余加入面糊中稍加拌匀即可。

③ 将纸杯模（内模）放入纸杯（外模）中备用。将完成的面糊用橡皮刮刀刮入塑料袋内。将面糊集中到一角、转紧塑料袋，用剪刀减去袋角。将面糊均匀挤入内模中，最后在顶端撒上些预留下来的玉米脆片。

④ 将模型均匀置放于微波炉的转盘上，手指蘸凉开水将外模稍微沾湿，以利覆盖上保鲜膜。撕适当大小的保鲜膜将所有的模型覆盖住。

⑤ 将转盘连同模型放入微波炉中，选择700瓦加热2分钟。完成后，尽速出炉倒出内模蛋糕，放在架上待凉即可。

桂圆米糕

材料

桂圆肉	40克
圆糯米	1杯
水	1杯
细砂糖	5大匙
色拉油	1大匙
朗姆酒	1大匙

做法

1. 圆糯米洗净后与水、桂圆肉放入碗中浸泡2个小时。
2. 加入色拉油后盖上保鲜膜，两边各留缝隙排气，放入微波炉里，以1000瓦加热7分钟后取出拌匀。
3. 再放入微波炉内以1000瓦加热10分钟后取出，加入细砂糖及朗姆酒拌匀后即可。

花生麻糬

材料
糯米粉1杯、水1.2杯、色拉油1大匙

调料
花生粉半杯、细砂糖2大匙

做法
1. 取一微波容器，放入糯米粉、水、色拉油拌匀，盖上保鲜膜，两边各留缝隙排气。
2. 放入微波炉里，以1000瓦加热4分钟后取出，用筷子拌匀。
3. 再盖上保鲜膜放入微波炉里，以1000瓦加热5分钟后取出，然后用筷子拌匀即可。
4. 将花生粉及细砂糖混合，可将麻糬分成小块蘸食。

干酪土豆

材料
土豆2个、火腿丁50克、干酪酱适量

调料
奶油50克、黑胡椒粉1小匙

做法
1. 土豆连皮洗净，放入微波容器中，盖上保鲜膜，再放入微波炉里，以1000瓦加热7分钟后取出。
2. 用刀从土豆中间划开一刀，再用叉子叉松内部，然后加入奶油，撒上黑胡椒粉，铺上适量火腿丁，最后挤上干酪酱即可。